智能制造领域高素质技术技能型人才培养方案教材

# 电工电子技术实训教程

主　编◎王建堂　白明涛　董敏娥

副主编◎丁文君　李　艳　赵振乾

U0279023

华中科技大学出版社
http://press.hust.edu.cn
中国·武汉

**图书在版编目(CIP)数据**

电工电子技术实训教程/王建堂,白明涛,董敏娥主编.—武汉：华中科技大学出版社,2022.12
ISBN 978-7-5680-9054-4

Ⅰ.①电… Ⅱ.①王… ②白… ③董… Ⅲ.①电工技术-教材 ②电子技术-教材 Ⅳ.①TM ②TN

中国版本图书馆 CIP 数据核字(2022)第 249725 号

电工电子技术实训教程　　　　　　　　　　　　　　王建堂　白明涛　董敏娥　主编
Diangong Dianzi Jishu Shixun Jiaocheng

策划编辑：张　毅
责任编辑：刘　静
封面设计：孢　子
责任监印：朱　玢
出版发行：华中科技大学出版社(中国·武汉)　　　电话：(027)81321913
　　　　　武汉市东湖新技术开发区华工科技园　　　邮编：430223
录　　排：武汉正风天下文化发展有限公司
印　　刷：武汉市洪林印务有限公司
开　　本：787mm×1092mm　1/16
印　　张：13.25
字　　数：328千字
版　　次：2022 年 12 月第 1 版第 1 次印刷
定　　价：42.00 元

本书是高等职业院校电工电子技术基础课程的通用实训教材。为了适应现代电工电子技术的发展,满足社会对相关人才的需求,编者根据多年的教学经验,编写本书作为电工电子技术的实训指导书。

本书紧扣高职高专培养目标,淡化验证性实验,增强实践,突出实训,注重对学生实际操作技能的培养。在编写中,查阅了大量的图书资料,博采众长,并充分利用先进的实训设备,提高实验室利用率,增加学生的实训兴趣度。

本书主要内容包括 7 个项目:电气安全与保护、常用工具及仪器仪表使用、常用电子元器件的认识及检测、电工电子产品装配及调试、电工技术实训、电子技术实训、Protel 入门与电路设计。

本书内容深浅适度,具有较强的实用性,可作为高职高专院校机电类、自动化类、电子信息类等专业学生的教材,也可作为相关培训机构的教材,还可供其他专业师生、工程技术人员、业余爱好者参考。

本书由陕西交通职业技术学院王建堂、中铁一局集团电务工程有限公司白明涛、陕西交通职业技术学院董敏娥担任主编,陕西交通职业技术学院丁文君、李艳、赵振乾担任副主编。其中李艳编写项目一、项目二,董敏娥编写项目三,丁文君编写项目四,赵振乾编写项目五,白明涛编写项目六,王建堂编写项目七。本书在编写过程中借鉴了业内相关文献的优秀理论与研究成果,在此表示感谢。

由于编者水平有限,书中难免有不足之处,敬请广大读者批评指正。

编　者

# 目录

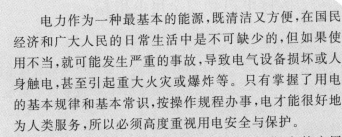

# 项目一
## 电气安全与保护

　　电力作为一种最基本的能源,既清洁又方便,在国民经济和广大人民的日常生活中是不可缺少的,但如果使用不当,就可能发生严重的事故,导致电气设备损坏或人身触电,甚至引起重大火灾或爆炸等。只有掌握了用电的基本规律和基本常识,按操作规程办事,电才能很好地为人类服务,所以必须高度重视用电安全与保护。

　　随着我国国民经济持续高速稳定地发展,电的应用越来越广泛,然而由于使用不当,现实生产与生活中的电气事故屡见不鲜。因此,应当加大力度普及安全用电常识,了解触电知识并做好预防措施,加强电气工作人员综合技术技能培训,提高职业道德,培养敬业精神,携手共建一个安全的用电大环境。

### ◀ 学习目标

　　了解安全用电知识。

　　了解触电的原因、种类及形式。

　　掌握触电的急救方法。

　　掌握如何做好安全用电措施与管理。

◀ **任务一　安全用电概述** ▶

## 一、人体电阻和安全用电指标

### 1. 人体电阻

发生触电时,流经人体的电流取决于触电电压与人体电阻的比值。人体电阻并不是一个固定数值。人体的各部分除去角质层外,以皮肤的电阻最大。在皮肤干燥和无损伤的情况下,人体的电阻可高达 40~400 kΩ。若除去皮肤,则人体电阻可下降至 600~800 Ω。但人体的皮肤电阻也并不是固定不变的,当皮肤出汗潮湿或受到损伤时,电阻就会下降到约 1 000 Ω。一般正常时人体的电阻约为 1 700 Ω。

### 2. 绝缘电阻

绝缘电阻是保证电气设备及线路安全运行的主要技术指标,是各类电气设备和线路安装及运行的主要监视内容。

(1)电力变压器在投入运行前的绝缘电阻应不低于 300 Ω(电压为 3~10 kV,温度为 30 ℃)。

(2)电动机的绝缘电阻应满足以下指标:

① 交流电动机额定电压在 1 kV 以下,常温下的绝缘电阻值不小于 1.0 MΩ。

② 直流电动机的绝缘电阻值不低于 1.0 MΩ。

③ 手持电动工具的绝缘电阻值应不小于表 1-1 所列数值。

表 1-1　手持电动工具的绝缘电阻值

| 测量部位 | 绝缘电阻值/MΩ |
| --- | --- |
| Ⅰ类工具带电零件与外壳之间 | 2 |
| Ⅱ类工具带电零件与外壳之间 | 7 |
| Ⅲ类工具带电零件与外壳之间 | 1 |

(3)电气线路与电缆的绝缘电阻应满足以下指标:

① 1 kV 以下配电线路的绝缘电阻值不应小于 2 MΩ,1 kV 以上架空电力线路的绝缘电阻值由支持它的绝缘子决定,35 kV 以下的绝缘子支持的线路绝缘电阻值不应小于 500 MΩ。

② 电力电缆的绝缘电阻三相不平衡系数不应大于 2.5。

(4)变压电器、真空断路器、隔离开关、负荷开关及变压熔断器等的绝缘电阻值均应在 1 200 MΩ 以上。

(5)低压电器、附属零件、所接电缆及回路的绝缘电阻值不应小于 1 MΩ,在潮湿环境中不得小于 0.5 MΩ。

### 3. 接地电阻

接地电阻是接地体的流散电阻。接地体有自然接地体和人工接地体。电气系统的接地

电阻是由电气设备接地要求、电网运行方式、土壤电阻率等条件决定的,电气系统的接地电阻允许最大值按规定分为以下几类:

(1)变压器中性点接地的接地电阻值应不大于 4 Ω。

(2)保护中性线重复接地的接地电阻值应不大于 10 Ω。

(3)防直击雷、感应雷共用接地电阻值应不大于 10 Ω。

(4)烟囱接地电阻值应不大于 30 Ω。

**4. 安全电压**

为了防止触电事故而采用由特定电源供电的电压等级称为安全电压。安全电压也指人体较长时间接触而不致发生触电危险的电压。国际电工委员会(IEC)规定安全电压限定值为 50 V,我国规定安全电压的额定值为 42 V、36 V、24 V、12 V、6V(工频有效值),具体等级及适用场所见表 1-2。

表 1-2  我国安全电压的具体等级及适用场所

| 安全用电 | | 选用举例 |
|---|---|---|
| 额定值/V | 空载上限值/V | |
| 42 | 50 | 在有触电危险的场所使用的手持式电力工具等 |
| 36 | 43 | 在矿井等多粉尘场所使用的行灯等 |
| 24 | 29 | 可供某些人体可能偶然触及的带电体的设备选用 |
| 12 | 15 | |
| 6 | 8 | |

应根据使用环境、人员和使用方式等因素选用所列的不同等级的安全电压。

## 二、家庭安全用电知识

**1. 开关的选择和安装**

开关是控制电气设备正常运行的主要器件,类型很多,它的选择既要满足用电设备容量(工作电流和电压)的要求,又要在电气设备发生过载或故障时及时切断电源。若开关的容量小于用电设备的容量,就会因触点容量小使开关接触电阻过大,而使触点烧毁。另外,开关的接线端子与导线的连接要牢固,接触面要大,接触面过小时,电流流过就会发热,由于热胀冷缩进而造成接触不良或接线点打火,严重时可导致线路烧毁或弧光短路,造成电气火灾,因此开关的容量要尽量比额定总容量大一些。

在安装开关时,如果将照明开关装设在中性线上,虽然断开时电灯也不亮,但灯头的相线仍然是接通的。这种情况下人们以为灯不亮就是处于断电状态,而实际上灯具上各点的对地电压仍是 220 V 的危险电压。如果灯灭时人们触及这些实际上带电的部位,就会造成触电事故。所以,各种照明开关或单相小容量用电设备的开关必须串接在相线上,才能确保安全。

**2. 家用熔体的正确选择**

家用熔体应根据用电容量的大小来选用。例如,使用容量为 5 A 的电表时,熔体应大于 6 A 且小于 10 A;使用容量为 10 A 的电表时,熔体应大于 12 A 且小于 20 A,也就是说,选用的熔体的容量应是电表容量的 1.2～2 倍。选用的熔体应是符合规定的一根,而不能以小容量的熔体多根并用,更不能用铜丝代替熔体使用。现代家庭目前选用比较多的是不必更换熔体的断路器。

**3. 单相三孔插座的正确安装**

家庭用电设备都是单相的。通常单相用电设备,特别是移动式用电设备,都应使用三芯插头和与之配套的三孔插座。单相三孔插座上有专用的保护接地插孔,在采用接地保护时,有人常常仅在插座底内将此孔接线桩头与引入插座内的中性线直接相连,这是非常危险的。因为万一电源的中性线断开,或者电源的相线、中性线接反,插座外壳等金属部分也将带有与电源相同的电压,就会导致触电。

因此,接线时专用接地插孔应与专用的保护接地线相连;采用接地保护,接中性线应从电源端专门引来,而不应就近利用引入插座的中性线。

**4. 防止电气火灾事故**

在安装电气设备时,必须保证质量,并应满足安全防火的各项要求。要选用合格的电气设备,破损的开关、灯头和电线都不能使用。电线的接头要按规定的连接法牢靠连接,并用绝缘胶带包好。对接线桩头、端子的接线要拧紧螺钉,防止因接线松动而造成接触不良。在使用过程中,如发现灯头、插座接线松动、接触不良或有过热现象,要找电工及时处理。

不要在低压线路和开关、插座、熔断器附近放置油类、棉花、木屑、木材等易燃物品。发生电气火灾前,都有一种前兆(电线因过热首先会烧焦绝缘外皮,散发出一种类似烧胶皮、塑料的难闻气味),要引起重视。所以,当闻到此气味时,一定首先想到可能是电气方面的原因引起的,如查不到其他原因,应立即拉闸断电,直到查明原因并妥善处理后才能合闸送电。

一旦发生了火灾,不管是否是电气方面原因引起的,首先要设法迅速切断火灾范围内的电源。因为如果火灾是电气方面原因引起的,切断了电源,也就切断了起火的起源;如果火灾不是电气方面原因引起的,也会烧坏电线的绝缘,若不切断电源,烧坏的电线会造成碰线短路,引起更大范围的电线着火。发生电气火灾后,应通过盖土、盖沙或使用非泡沫灭火器灭火,但绝不能使用泡沫灭火器,因为这种灭剂是导电的。

无数的触电事故告诉我们,思想上的麻痹大意往往是造成人身事故的重要因素,因此必须加强安全教育,使所有人都懂得安全用电的重大意义,彻底消灭人身触电事故。

# ◀ 任务二　触电及急救知识 ▶

## 一、触电的原因与形式

### 1. 触电的原因

日常生活中的触电事故多种多样,大多是由人体直接接触带电体或者设备发生故障,以及人体过于靠近带电体等引起的。当人体触及带电体,或者带电体与人体之间闪击放电、电弧触及人体时,电流通过人体进入大地或其他导体,形成导电回路,这种情况称为触电。

按照国家规定,上岗电工应经过应知、应会和具有规定安全用电知识的培训、考试和考核,由此在实际工作中发生的电工触电事故应该少之又少。然而,事实并非如此,许多电工都遭遇过触电事故。究其原因,主要有以下几种:

(1) 电工缺乏用电常识。

(2) 电工违章作业。

(3) 电工工作态度不认真,思想麻痹。

(4) 环境恶劣。

(5) 电工操作错误,忽视安全警告。

(6) 电气设备不合格。

**2. 触电的形式**

触电是指人体触及带电体或电弧闪络波及人体时,电流通过人体与大地或其他导电体而形成闭合回路,致使人体遭受到不同程度的伤害。

1) 单相触电

当人站在地面上或其他接地体上,人体的某一部位触及三相导线的任何相带电体时,电流通过人体流入大地(或中性线),称为单相触电。单相触电对人体的危害与电压的高低及电网中性点接地方式等有关。中性点接地可分为中性点直接接地和中性点不直接接地两种情况。图 1-1(a)所示为中性点直接接地情况,这时电流经人体、大地和中性点接地装置形成闭合回路;图 1-1(b)所示为中性点不直接接地情况,这时电流经人体、大地和另外两根相线对地的绝缘阻抗形成闭合回路。在触电事故中,单相触电占 95% 左右。

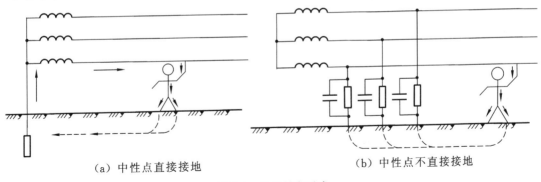

（a）中性点直接接地　　　　　（b）中性点不直接接地

**图 1-1　单相触电形式**

2) 两相触电

两相触电又称相间触电,是指人体在与大地绝缘的情况下,同时触及同一电源的两相带电体,或者人体同时触及电气设备的两个不同相的带电部位时,电流由一根相线经过人体到另一根相线而形成闭合回路,如图 1-2 所示。两相触电加在人体上的电压为线电压,人体将承受 380 V 的交流电压,因此不论电网的中性点接地与否,人体触电的危险性都最大。

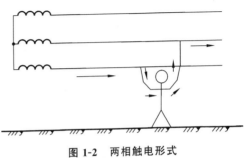

**图 1-2　两相触电形式**

3）接触电压触电

当接地短路电流流过接地装置时,大地表面形成分布电位,人处于带电区域中,脚下存在一电位,而手触摸到设备(已发生碰壳短路,设备外壳带电)时也存在一电位。此时人的身上就会承受到电压,此电压称为接触电压。人体离接地点越远,遭受的接触电压越大,触电越严重。

4）跨步电压触电

高压电线断落在地面、电气设备发生接地故障或雷击避雷针在接地极附近时,便有强大的电流流入大地,在大地中以接地点为圆心、20 m 为半径的圆面积内形成分布电位,离接地点越远,电位越低。此时若人在接地点周围行走,两脚之间电位不同,就会产生电位差,这个电位差称为跨步电压,由此引起的触电事故称为跨步电压触电,如图 1-3 所示。

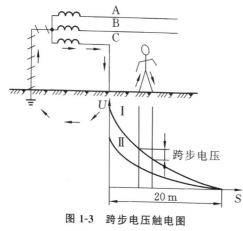

图 1-3　跨步电压触电图

人在跨步电压的作用下,电流从一只脚经腿、胯部流到另一只脚而使人遭到电击。两脚之间的距离越大,离接地点越近,跨步电压越高,触电后果越严重。当发现跨步电压的威胁时,应尽快把双脚并在一起,或用一条腿跳着离开危险区,否则,触电时间过长,会导致触电死亡。

5）感应电压触电

当人体接近或触及带有感应电压的设备和线路时所造成的触电事故称为感应电压触电。在超高压双回路及多回路网杆架设的线路中,此问题较为严重,应特别引起注意。

6）剩余电荷触电

剩余电荷触电是指当人触及带有剩余电荷的设备时,带有剩余电荷的设备对人体放电造成的触电事故。设备带有剩余电荷,通常是由于检修人员在检修中插表测量停电后的并联电容器、电力电缆、电力变压器及大容量电动机等设备时,检修前、后没有对其充分放电所造成的。

## 二、触电的种类

人体触电可以分为直接触电和间接触电。直接触电是指人体直接与带电体接触而触电(如电击和电伤),间接触电是指人体间接受到了电流的影响而触电(如电气漏电和跨步电压触电)。

### 1. 电击

电击是指电流通过人体内部,破坏人体内部组织,影响呼吸系统、神经系统和心脏的正常功能,严重时会引起心室颤动或窒息,造成死亡。电击的特点如下:

(1)电击对人体的伤害与通过人体的电流成正比。

(2)电流通过人体的持续时间越长,危害越大,尤其是当通电时间超过心脏搏动周期时极易造成心室颤动,引起死亡。

（3）交流电对人体的损害比直流电大,工频交流电对人体损害最大。

**2. 电伤**

电伤是指电流的热效应、化学效应或机械效应对人体外部造成的局部伤害,如电弧烧伤、电烙印等。电伤会在人体皮肤表面留下明显的伤痕。电弧烧伤是电伤的主要形式,一般由以下几种原因引起:

（1）错误操作造成线路短路。

（2）带负荷尤其是感性负荷,拉开没有灭弧装置的刀开关。

（3）当线路短路、开启式熔断器熔断时,炽热的金属微粒飞溅而造成灼伤。

**3. 人体对电流的敏感度**

（1）感知电流。感知电流是引起人的感觉的最小电流,人会有轻微的麻感,一般不会对人造成伤害。男性与女性平均感知电流有效值不同,男性为 $1.1$ mA,女性为 $0.7$ mA。

（2）摆脱电流。摆脱电流是人触电后能自行摆脱的最大电流。男性平均摆脱电流为 $10$ mA,女性平均摆脱电流为 $6$ mA。

（3）致命电流。致命电流是在较短时间内危及生命的电流。电流达到 $50$ mA 以上就会有生命危险。

# 三、触电应采取的急救措施

一旦发现有人触电,应尽快使触电者脱离电源,然后根据触电者的具体情况采取相应的现场急救措施。

**1. 脱离电源的方法**

1）低压触电脱离电源的方法

① 拉闸断开就近的电源开关或拔掉插头,断开电源;

② 如果距离开关很近,可用有绝缘柄的工具、干燥的木棒或塑料橡胶棉制品等挑开、推开、断开触电者触及的电线或电气设施;

③ 当电线搭落在触电者身上或被触电者压在身下时,救护者可站在干燥木板或绝缘垫上,用干燥的衣服、手套、麻绳、木板等绝缘品作为救护工具,拉开或挑开电线,使触电者脱离电源。

2）高压触电脱离电源的方法

① 立即通知供电单位紧急停电;

② 断开就近的高压断路器;

③ 穿好绝缘靴,戴好绝缘手套,用相应电压等级的绝缘工具按顺序拉开开关断电;

④ 炮制挂接地线的方法,使线路短路,接地跳闸,迫使保护装置动作,断开电源。

3）脱离电源的注意事项

① 救护者不能直接用手去拉触电者,最好一只手操作,以防自身触电;

② 触电者在高处时应有防摔措施,也应注意触电者倒下的方向,避免触电者头部摔伤;

③ 如在夜间发生触电,应迅速安装临时照明装置;

④ 炮制挂接地线方法,使线路短路,接地跳闸,迫使保护装置动作,断开电源。

**2. 现场急救措施**

触电者脱离电源后,应根据触电者的具体症状,迅速进行现场救护。

1) 根据触电者身体症状确定急救方法

① 触电者神志清晰,可以回答问题,全身无力、心慌、四肢麻木,应立即就地休息,不可走动,以减轻心脏负担,同时应迅速请医生前来诊治或将其送往医院。

② 触电者神志不清,已失去知觉,如呼吸正常,应将其抬到空气流通且干燥温暖的地方,使其安静地平躺,并解开其衣扣,暂不做人工呼吸,并迅速请医生到现场诊断治疗。医生到来之前应对其仔细观察,如出现呼吸困难,应立即进行人工呼吸。

③ 对于已失去知觉、呼吸困难的触电者,应立即进行人工呼吸,医生到来之前不能停止人工呼吸。

④ 对于呼吸和心脏跳动都已停止的触电者,应立即施行人工呼吸和胸外心脏按压,中间不得间歇和停止,直至医生到达现场急救。然后尽快将其送到医院急救,途中不得停止人工呼吸和胸外心脏按压。

2) 口对口(鼻)人工呼吸

在急救前应迅速清除触电者口腔内的食物或黏液以及假牙等,保持其呼吸道通畅并将其衣扣、裤带解开,不要使触电者直接躺卧在潮湿或混凝土地面上急救,人工呼吸应连续交替进行。如果触电者有极微弱自主呼吸,人工呼吸仍需继续进行,直到呼吸正常为止。经医生诊断没有救护希望时,才可停止急救,否则应继续进行。口对口(鼻)人工呼吸如图 1-4 所示。

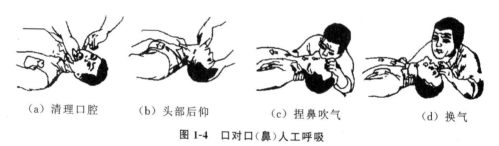

(a) 清理口腔　　(b) 头部后仰　　　(c) 捏鼻吹气　　　(d) 换气

**图 1-4　口对口(鼻)人工呼吸**

① 施行口对口(鼻)人工呼吸时,应使触电者仰卧,使其头部充分后仰、鼻孔朝上,以使其呼吸道畅通。

② 救护者一只手捏紧触电者的鼻孔,另一只手的拇指和食指掰开触电者的嘴,吸一口气后紧贴触电者的口向内吹气,时间约 2 s,使其胸部膨胀。

③ 救护者吹气后立即离开触电者的口,并放松触电者的嘴(鼻),让其自行呼吸约 3 s,触电者为年老体弱者或儿童时吹气用力要适度。

3) 胸外心脏按压

胸外心脏按压是触电者心脏停止跳动后使其心脏恢复跳动最有效的急救方法之一,如图 1-5 所示。采用胸外心脏按压时,应使触电者仰卧在比较坚实的地方,姿势与口对口(鼻)人工呼吸相同,具体方法如下。

① 救护者跪在触电者一侧,两手相叠,手掌根部放在触电者心窝上方、胸骨下 1/3~1/2 处。

② 救护者掌根用力垂直向下(脊背方向)挤压,压出触电者心脏里面的血液,用力要适中,不得太猛。对成人应压陷 3~4 cm,每分钟挤压 60 次;对儿童应用一只手挤压,用力要比

（a）挤压位置　　（b）双手姿势　　（c）向下挤压　　（d）快速放松

**图 1-5　胸外心脏按压法**

成人稍轻一些,压陷 1～2 cm,每分钟挤压 100 次。

③ 挤压后手掌根突然抬起,让触电者胸部自动复原,血液充满心脏,放松时掌根不要离开压迫点。

应当知道,心脏跳动和呼吸是相互联系且同时进行的,一旦呼吸和心脏跳动都停止了,应该及时进行口对口(鼻)人工呼吸和胸外心脏按压施行抢救。在抢救过程中,两种方法最好由两人同时进行,如果现场仅有一个救护者,两种方法可交替进行,每吹气 2～3 次挤压 10～15 次,且吹气和挤压的速度要相应加快。

实验研究和统计表明,如果从触电后 1 min 开始救治,存活率为 90%；如果从触电后 6 min 开始抢救,则仅有 10% 的存活机会；而从触电后 12 min 开始抢救,存活的可能性极小。因此,当发现有人触电时,要争分夺秒,采用一切可能的办法。

# ◀ 任务三　安全用电措施与管理 ▶

## 一、安全用电措施

### 1. 防止触电的主要措施

1）建立管理机构

为做好电气安全管理工作,应设有专人负责电气安全工作,并建立逐级负责电气安全的人员架构。

2）制定规章制度

建立健全安全规章制度,包括安全操作规程、电气安装规程、设备运行管理规程和设备维护保养制度等。

3）实施安全教育

加强对电气工作人员的教育、培训与考核工作,使电气工作人员从设计、制造、安装、运行等方面,遵守国家规定、标准和法规进行工作。定期对工作人员进行电气安全技术、安全操作规程及触电急救等知识的培训,并实行考核制度,提高其安全意识,加强其安全防护技能,杜绝违章操作。

4）建立安全资料档案

为便于电气设备的安全运行和管理,在电气工作中使用的各类技术资料、各种记录要按档案管理的要求进行分类存档,以便随时查阅检索,并提供电气系统安全运行信息。

**2. 电气设备及线路的电气绝缘**

电气设备及线路的电气绝缘是用不能导电的材料或物质把带电体封闭起来,以隔离带电体或不同电位的导体。绝缘材料的性能可用绝缘电阻、耐压试验泄漏电流、介质损耗等指标衡量。

1)绝缘电阻的测量范围

绝缘电阻是电气设备及线路的主要技术指标。因此,在下面几种情况下必须测量绝缘电阻,作为衡量电气设备及线路绝缘性能好坏的重要依据。

① 新建工程中的电气设备及线路在单机试车前、冲击送电前、联动试车前、正式送电前;

② 电气设备及线路在发生事故后、处理事故前及处理事故后;

③ 运行中的电气设备及线路定期或不定期维修时;

④ 每隔一年夏天或气候潮湿季节库存的电气设备。

2)耐压试验

耐压试验是进一步检验电气设备及线路承受过电压能力的方法,分为交流耐压试验和直流耐压试验两大类。

① 交流耐压试验。交流耐压试验的范围较为广泛,主要内容有高压电气设备耐压试验、电机(电动机、发电机)定子绕组耐压试验、电子电缆耐压试验、避雷器及二次回路耐压试验等。

② 直流耐压试验。直流耐压试验有交流电机的定子绕组耐压试验、避雷器耐压试验、电力电缆耐压试验等。

**3. 屏护和安全距离**

1)屏护

为了保证人与带电体的安全距离,对那些裸露的带电体或不可靠近的带电区域,可采用屏护,即用遮挡、护罩和箱盒等屏护装置将带电体与外界隔绝。屏护装置包括刀开关的胶盖、电气控制箱外面的铁箱、变配电装置周围的安全标示牌等。

屏护装置所用材料要有较好的机械性能和耐火性能,必须与带电体保持必要的安全距离,用金属材料制作的屏护装置使用时必须可靠接地,对高压设备做屏护要配合信号指示和电气联锁系统。

2)安全距离

用空气作为绝缘材料,使带电体与地面之间、带电体与带电体之间、带电体与各种设施之间均需保持一定的距离,这个距离称为安全距离。设置安全距离是安全用电的技术措施之一。

**4. 电气设备及防护用具的耐压试验**

1)电气设备的耐压试验

电气设备的耐压试验的范围为:交流电机的定子绕组和转子绕组、直流电机的励磁绕组和电枢绕组、交直流电机励磁回路连同所连接设备、电力变压器、电抗器、消弧线圈和互感器的绕组、高压电器及套管、绝缘子、并联电容器、绝缘油、避雷器、电除尘器的绝缘子及套管、二次回路、低压动力配电装置、高压配电装置及线路等。

2)防护用具的耐压试验

电工防护用具按用途不同可分为基本安全用具和辅助安全用具两类。

基本安全用具有绝缘棒和绝缘夹钳等,用于 35 kV 以下的电气设备,可直接与带电体接触,具有绝缘作用,可用来直接操作高压隔离开关、操作跌落式熔断器、安装和拆除接地线、进行高压试验等作业。

## 二、安全用电管理

### 1.制定管理制度

(1)岗位职责的制定。岗位职责的制定内容包括工作人员的岗位职责和工作任务。

(2)交接班制度。交接班制度的内容包括电气工作人员应按规定程序完成交接工作内容。未办完交接手续,交班人员不得擅离工作岗位。

(3)巡视制度。电气设备在运行中的巡视可分为定期巡视、特殊性巡视和监督性巡视。巡视内容有电气设备、线路、元件等。

(4)设备管理责任制度。设备管理的基本任务是保证电气设备经常处于技术完善、工况良好的状态。真正做到"定人、定设备、定责任",设立设备专责制,划分专责分工的范围及任务,明确管理界限和分界点,做到分工明确、职责清楚。

(5)设备缺陷管理制度。建立设备缺陷管理制度,明确管理职责,保证发现缺陷时信息准确、传递畅通、处理迅速。

(6)设备评级管理制度。对设备存在的缺陷、试验的结果等情况进行综合评定。

(7)设备检修管理制度。设备检修管理制度的内容包括各种电气设备的检修项目及检修程序和标准等。

(8)设备试验管理制度。设备试验管理制度的内容包括设备试验的周期、主要电气安全指标和技术参数。设备试验管理制度是保证电气设备绝缘性能良好、回路接线正确、技术参数合格的重要手段。电气试验有不同种类、方法和标准,要符合国家能源局颁布的《电力设备预防性试验规程》(DL/T 596—2021)和各单位自定的有关试验的规定。

(9)设备验收管理制度。验收工作应检查各设备技术记录的质量标准是否合格、图纸资料是否齐全、设备现场是否具备投入的条件(包括试操作检查)、存在的问题及改进的措施等。

(10)技术培训制度。技术培训制度的内容包括对电气工作人员就新技术、新设备进行培训以提高其理论水平而制定的不同层次、不同水平的学习培训。

(11)保卫制度。保卫制度是针对电气设备、线路、电气数据以及其他电气装置的安全保密而制定的制度。

(12)安全责任制度。安全责任制度的内容包括各级电气工作人员、安全管理人员安全方面的职责和任务。

(13)临时电气线路安装审批制度。临时电气线路安装审批制度的内容有临时电气线路安装前申报程序、临时电气线路安装申请报批签字以及临时电气线路安装的条件等。

(14)值班制度。值班制度的内容包括对运行或试运行的电气设备、线路值班监视运行,如巡视项目标准、记录数据、事故处理程序等。

(15)作业票制度。作业票制度的内容包括在电气设备上作业必须履行书面命令的规定及程序等。

(16)作业许可制度。作业许可制度的内容包括进行电气作业前验证各种安全措施及注意事项的规定及程序等。

(17)作业监护制度。作业监护制度的内容包括作业人员在作业过程中能完全受到监护人严密的监督和监护，并及时纠正不安全动作及错误作业，在靠近带电部位时受到提醒，以确保作业人员安全及作业方法正确的规定等。

（18）送电制度。送电制度是指针对检修作业完毕、新工程或线路竣工、停电后等送电作业的程序、安全检查、注意事项、签发命令、试验结果、投切程序而制定的制度。

（19）事故处理制度。事故处理制度主要包括处理各种电气事故的程序、方法、安全措施、注意事项、质量要求、处理条件等。

**2. 制定管理措施**

（1）定期学习措施。定期学习措施是有计划地组织员工和企业管理者学习国家对劳动保护、安全用电方面制定的方针、政策、法规以及当地供电部门、本行业的法规、条例等，并及时地贯彻执行。

（2）加强岗位措施。定期组织电气技术人员、管理人员、电工作业人员及针对用电人员、电气操作人员进行电气安全技术管理和电气安全技术的学习培训，特别是要学习新技术、新工艺、新设备。

（3）加强管理与考核措施。搞好电气作业人员的管理工作，如上岗培训、技术培训考核、安全技术考核、档案管理等。

（4）消除隐患措施。消除隐患措施是有针对性地组织电气安全专业性检查，及时发现和消除安全隐患，监督纠正违章和误操作。

（5）建立健全督查措施。建立完善的监督体系，对电气工程的设计、安装调试进行电气安全督察，及时纠正和消除电气工程中的不安全因素，特别是电气设备原件本身的安全可靠性能是安全督查的重点。

（6）巡回检查措施。制定和修订电气安全的规章制度及组织措施中的电气作业、电工值班、巡回检查等制度以及电气安全操作规程等，并组织实施。

（7）落实安全措施。配合单位的安全工作，做好综合安全管理工作，全力保证安全技术措施的实施。

（8）加强安全培训措施。做好触电急救工作，并组织员工进行触电急救方法的培训，及时处理电气事故，同时做好电气安全资料档案管理工作。

（9）加强安全宣传措施。做好安全标志的设置工作，做好宣传、检查和维护工作。

 **思考与练习**

**一、填空题**

1. 触电的形式有_____、_____、_____、_____、_____、_____，种类分为_____、_____。

2. 一般正常人体电阻约为_____。

3. 安全用电的主要措施有_____、_____、_____、_____。

**二、简答题**

1. 简述发生触电时的现场急救措施。

2. 防止触电的主要措施有哪些？

# 项目二
## 常用工具及仪器仪表使用

随着科学技术的发展,特别是电工电子技术的发展,电气工程技术从业人员的数量在迅速增加。同时,为了提高生产效率,在生产岗位上要大量使用电工测量仪表。另外,国家职业标准中已对许多工种有关电类仪表的使用提出了要求。因此,学习仪表的使用技能十分必要。本项目的主要内容包括常用电工测量仪表的结构和工作原理、仪表的选择和使用方法。

通过本项目的学习,学生应能够掌握电气测量的正确方法,掌握选择和使用常用电气测量仪器仪表及工具的基本技能,在此基础上,完成特定的学习任务目标。学生要特别注重教材内容与生产实际的密切结合,只有这样,才能掌握好电气测量仪表的使用与维护技能,真正为以后的实际工作打下牢固的基础。

◀ **学习目标**

了解电工电子技术中常用电工工具的结构及性能。

学会使用及维护电工电子技术中常用的电工工具。

了解电工电子技术中常用电工仪表的原理。

学会使用及维护电工电子技术中常用的电工仪表。

能够正确选择和使用常用电工测量仪表。

# ◀ 任务一　电工常用工具简介及使用方法 ▶

电工常用工具是指一般专业电工都要使用的工具。电工工具是电气操作的基本用具,电工工具不合格、质量不好或使用不当都会影响工作质量、降低工作效率,甚至造成事故及人身伤害,因此电气操作人员必须掌握常用的电工工具的结构、性能和正确的使用方法。

## 一、螺丝刀

### 1. 螺丝刀的规格及选择

螺丝刀又称旋凿或起子,是一种紧固或拆卸螺钉的工具。按照功能和头部形状不同,螺丝刀可分为一字形和十字形两种形式,如图 2-1 所示。按握柄材料的不同,螺丝刀又可分为木柄和塑料柄两大类。

**图 2-1　螺丝刀的外形**

一字形螺丝刀以握柄部以外的刀体长度表示规格,单位为毫米。电工常用的一字形螺丝刀有 100 mm、150 mm、300 mm 等几种。

现在流行一种组合工具,由不同规格的螺丝刀、锥、钻、凿、锯、锉、锤等组成,握柄部和刀体可以拆卸使用。握柄部装氖管、电阻、弹簧,又可当作测电笔使用。

使用螺丝刀时,应按螺钉的规格选用适合的刀口,以小代大或以大代小均会损坏螺钉或电气元件。

### 2. 螺丝刀的使用

1) 大螺丝刀的用法

大螺丝刀又称改锥,一般用来紧固较大的螺钉。使用时,除拇指、食指和中指要夹住握柄外,手掌还要用力顶住螺丝刀握柄的末端,以防止旋转时滑脱,如图 2-2(a)所示。

2) 小螺丝刀的用法

小螺丝刀一般用来紧固电气设备接线柱上的小螺钉。使用时,除用拇指和中指夹着螺丝刀握柄外,还需用食指顶住握柄的末端旋拧,如图 2-2(b)所示。

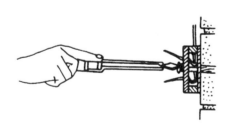

（a）大螺丝刀的用法　　　　　　　（b）小螺丝刀的用法

**图 2-2　螺丝刀的使用方法**

3）中型螺丝刀的用法

中型螺丝刀的长度介于大螺丝刀与小螺丝刀之间,可用右手压紧并转动握柄,左手握住螺丝刀的中间部分,起扶持作用,以使螺丝刀不致滑脱,此时左手不要距离螺钉太近,以免螺丝刀旋拧螺钉时滑出将手划破。

### 3. 使用螺丝刀的注意事项

（1）电工不可使用金属杆直通柄顶的螺丝刀,否则很容易造成触电事故。

（2）使用螺丝刀紧固、拆卸带电的螺钉时,手不得触及螺丝刀的金属杆,以免发生触电事故。

（3）为了避免螺丝刀的金属杆触及皮肤或邻近带电体,应在金属杆上穿套绝缘管,起绝缘防触电的作用。

## 二、钳子

钳子根据用途可分为钢丝钳、尖嘴钳、斜口钳、卡线钳、剥线钳和网线压线钳等。下面介绍其中几种。

### 1. 钢丝钳

钢丝钳又称平口钳、老虎钳,是电工用于剪切或夹持导线、金属丝、工件、金属薄板的常用钳类工具。钢丝钳有铁柄和绝缘柄两种,绝缘柄为电工钢丝钳,常用的规格有 150 mm、175 mm、200 mm 三种。

1）电工钢丝钳的构造和用途

电工钢丝钳由钳头和钳柄两部分组成,其中钳头由钳口、齿口、刀口和铡口四部分组成。电工钢丝钳的不同部位有不同的用途:钳口用来弯绞或钳夹导线线头或其他金属、非金属物体;齿口用来紧固或松动螺母;刀口用来剪切导线、起拔铁钉或剖削软导线绝缘层;铡口用来铡切电线线芯、钢丝或铅丝等软硬金属。电工钢丝钳的构造及用途如图 2-3 所示。

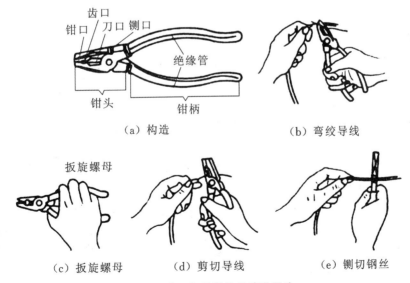

（a）构造　　　　　　　　　（b）弯绞导线

（c）扳旋螺母　　　（d）剪切导线　　　（e）铡切钢丝

**图 2-3　电工钢丝钳的构造及用途**

电工所用的钢丝钳在钳柄上应套有耐压为 500 V 以上的绝缘管。

2）使用电工钢丝钳的安全知识

① 使用电工钢丝钳以前,必须检查绝缘柄的绝缘是否完好。如果绝缘柄损坏,进行带电作业时会发生触电事故。

② 用电工钢丝钳剪切带电导线时,不得用刀口同时剪切相线和零线,或同时剪切两根相线,以免发生短路事故。

**2. 尖嘴钳及斜口钳**

(1)尖嘴钳。尖嘴钳头部尖细,适用于狭小的工作空间操作。尖嘴钳有铁柄和绝缘柄两种。绝缘柄为电工用尖嘴钳,耐压值为 500 V。尖嘴钳的外形及握法如图 2-4 所示。尖嘴钳的规格以全长的毫米数表示,有 130 mm、160 mm、180 mm 等几种。

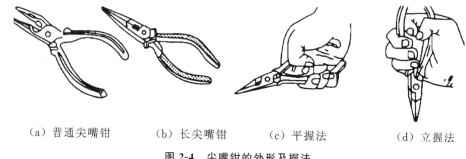

(a) 普通尖嘴钳　　　(b) 长尖嘴钳　　　(c) 平握法　　　(d) 立握法

**图 2-4　尖嘴钳的外形及握法**

尖嘴钳的用途为:带有刃口的尖嘴钳能剪断细小的金属丝;尖嘴钳能夹持较小的螺钉、垫圈、导线等元件;在装接控制线路板时,尖嘴钳能将单股导线弯成一定圆弧的接线鼻子;尖嘴钳可剪断导线、剥削绝缘层。

(2)斜口钳。斜口钳又称断线钳,头部扁斜,钳柄有铁柄、管柄和绝缘柄三种形式。其中电工用的斜口钳采用绝缘柄,外形如图 2-5 所示,它的耐压值为 1 000 V。斜口钳专用于剪断较粗的金属丝、线材及电线电缆等。

**3. 剥线钳**

剥线钳有多种规格,下面介绍的是常用的一种,其他剥线钳的使用方法大同小异。剥线钳用来剥削直径 3 mm 及以下绝缘导线的塑料或橡胶绝缘层,由钳口和手柄两部分组成。剥线钳钳口有 0.5～3 mm 的多个直径切口,用于不同规格线芯的剥削。剥线钳手柄套有绝缘材料,耐压值为 500 V。剥线钳的外形及使用方法如图 2-6 所示。

**图 2-5　电工用斜口钳的外形**

**图 2-6　剥线钳的外形及使用方法**

使用剥线钳时,把待剥落的绝缘长度用标尺定好以后,即可把导线放入相应的刃口中

（比导线直径稍大），用手将钳柄一握，导线的绝缘层即被剥落并自动弹出。使用剥线钳时，不允许用小咬口剥大直径导线，以免咬伤导线芯；不允许当钢丝钳使用。

#### 4. 网线压线钳

网线压线钳用来完成双绞网线的制作，具有剪线、剥线和压线三种用途。它的外形及使用方法如图 2-7 所示。

图 2-7　网线压线钳的外形及使用方法

## 三、电工刀及电工工具包

#### 1. 电工刀

电工刀是用来剖削和切割电工器材的常用工具，如剖削电线的绝缘皮等，它由刀片、刀刃、刀柄、刀挂等构成。不用时，把刀身（即刀片和刀刃）收缩到刀柄内。在剖削电线绝缘层时，可把电工刀略微向内倾斜，用刀刃抵住线芯，刀口向外推出。这样既不易削伤线芯，又可防止操作者受伤。剖削导线绝缘层时，应使刀面与导线呈 45° 角切入，以免割伤导线。电工刀的外形如图 2-8 所示。

使用电工刀的安全知识主要有以下几点：

（1）使用电工刀时应注意避免伤手。

（2）电工刀用毕，随即将刀身折进刀柄。

（3）电工刀刀柄是无绝缘保护的，不能在带电导线或器材上剖削，以免触电。

#### 2. 电工工具包

电工工具包是用来放置电工随身携带的常用工具或零星电工器材的，一般包括验电笔、螺丝刀、电工刀、各种钳子等，便于安装和维修用电线路和电气设备。它的外形和内部结构如图 2-9 所示。

图 2-8　电工刀的外形

图 2-9　电工工具包的外形和内部结构

## 四、活络扳手和其他常用扳手

**1. 活络扳手**

活络扳手又称活络扳头、活扳,是用来紧固和松动螺母的一种专用工具。活络扳手的结构如图2-10(a)所示,旋动蜗轮可调节扳口的大小。它的规格以"长度×最大开口宽度"(单位均为mm)来表示,电工常用的活络扳手有150×19(6英寸)、200×24(8英寸)、250×30(10英寸)和300×36(12英寸)等四种。活络扳手扳较大螺母及较小螺母的握法分别如图2-10(b)、(c)所示。

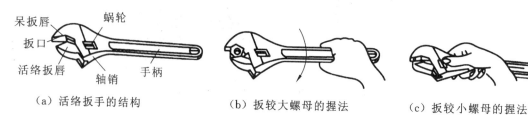

（a）活络扳手的结构　　　　（b）扳较大螺母的握法　　　　（c）扳较小螺母的握法

**图2-10　活络扳手的结构及握法**

**2. 其他常用扳手**

扳手是用于螺纹连接的一种手动工具,种类和规格很多,如图2-11所示。下面介绍用于紧固、拆卸六角螺钉和螺母的几种扳手。

**图2-11　其他常用扳手**

（1）固定扳手。固定扳手又称死扳手、呆扳手,开口宽度不能调节,有单端开口和两端开口两种形式,分别称为单头扳手和双头扳手。单头扳手的规格以开口宽度(单位为mm)表示,双头扳手的规格以两端开口宽度(单位均为mm)表示,如8×10、32×36等。

（2）梅花扳手。梅花扳手采用双头形式,端口工作部分为封闭圆,封闭圆内分布着12个可与六角螺钉或螺母相配的齿型。梅花扳手适用于工作空间狭小、不便使用活络扳手和固定扳手的场合。梅花扳手的规格表示方法与双头扳手相同。

（3）套筒扳手。套筒扳手由一套尺寸不同的梅花套筒头和一些附件组成,可用在一般扳手难以接近螺钉或螺母的场合,用来紧固或拆卸粗细尺寸不一的螺母。

（4）两用扳手。两用扳手的一端与单头扳手相同,另一端与梅花扳手相同,两端适用同一规格的六角螺钉或螺母。

（5）内六方扳手。内六方扳手又称内六角扳手,用于旋动内六角螺钉。它的规格以六角形对边的尺寸来表示,最小的规格为3mm,最大的规格为27mm。

### 3. 活络扳手的使用方法

(1) 扳动较小螺母时,需用力矩不大,但螺母过小,易打滑,因此手应握在接近活络扳手端部的地方,以便随时调节蜗轮,收紧活络扳唇,防止打滑,如图 2-10(c)所示。

(2) 扳动较大螺母时,需用较大力矩,手应握在接近活络扳手柄尾处。

(3) 活络扳手不可反方向用力,以免损坏活络扳唇,也不可用套接钢管接长手柄的方法来施加较大的扳拧力矩。

(4) 活络扳手不得当作撬棒或手锤使用,不能用于撬、砸等。

## 五、加热工具

### 1. 电烙铁

#### 1) 电烙铁的种类及结构

常用的电烙铁有外热式和内热式两大类,随着焊接技术的发展,又研制出恒温电烙铁和吸锡电烙铁。不同种类的电烙铁工作原理基本上是相似的,都是在接通电源后,电流使电阻发热,并通过传热筒加热烙铁头,达到焊接温度后进行工作。

(1) 外热式电烙铁。外热式电烙铁通常有 25 W、45 W、75 W、100 W、150 W、200 W 和300 W 等多种规格,由烙铁头、传热筒、烙铁芯和支架等组成,外形如图 2-12 所示。

(2) 内热式电烙铁。内热式电烙铁通常有 20 W、30 W、35 W 和 50 W 等几种规格,外形如图 2-13 所示。内热式电烙铁具有发热快、耗电省、效率高、体积小、便于操作等优点。一把 20 W 的内热式电烙铁产生的温度相当于 25～45 W 外热式电烙铁产生的温度。

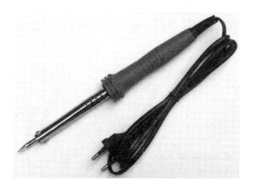

**图 2-12 外热式电烙铁的外形**      **图 2-13 内热式电烙铁的外形**

(3) 恒温电烙铁。恒温电烙铁的外形如图 2-14 所示。它借助电烙铁内部的磁控开关自动控制通电时间而达到控温的目的。这种磁控开关利用软金属被加热到一定温度而失去磁性作为切断电源的控制信号。电烙铁通电时,软金属具有磁性,发热器通电升温。当烙铁头温度升到一定值时,软金属去磁,发热器断电,电烙铁温度下降。当温度降到一定值时,软金属恢复磁性,发热器又被接通。如此断续通电,可以把电烙铁温度控制在一定范围内。

(4) 吸锡电烙铁。吸锡电烙铁的外形如图 2-15 所示。它主要用于电工和电子技术安装维修中,用来拆装元件。操作时,先用吸锡式烙铁头加热焊点,待焊锡熔化后,按动吸锡装置,即可把锡液从焊点上吸走,便于拆焊。

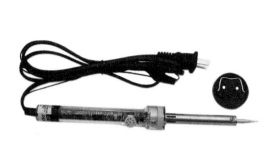

图 2-14　恒温电烙铁的外形

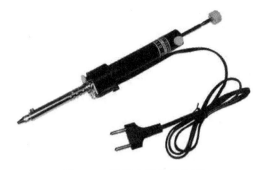

图 2-15　吸锡电烙铁的外形

2）电烙铁的使用

（1）电烙铁的使用方法和焊锡丝的拿法如图 2-16 所示。

（a）反握法

（b）正握法

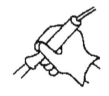

（c）握笔法

（d）连续焊接时
焊锡丝拿法

（e）断续焊接时
焊锡丝拿法

图 2-16　电烙铁的使用方法和焊锡丝的拿法

（2）使用电烙铁的工作步骤。在手工使用电烙铁焊接时,特别是对初学者来说,一般可采用五步工序法来进行。五步工序分别为准备施焊、加热焊件、送入焊锡丝、移开焊锡丝、移开电烙铁,如图 2-17 所示。

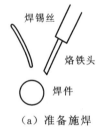

焊锡丝

烙铁头

焊件

（a）准备施焊

（b）加热焊件

（c）送入焊锡丝

（d）移开焊锡丝

（e）移开电烙铁

图 2-17　焊接工序示意图

3）焊接的要求

焊接的基本要求是:焊点必须牢固,焊锡必须充分渗透,焊点表面光滑有泽,应防止出现"虚焊""夹生焊"等现象。产生"虚焊"的原因是焊件表面未清洁干净或焊剂太少,使得焊锡不能充分流动,造成焊件表面挂锡太少,焊件之间未能充分固定;造成"夹生焊"的原因是电烙铁温度太低或焊接时电烙铁停留时间过短,以致焊锡未能充分熔化。

（1）焊接前的处理。一般要把焊头的氧化层用砂纸等用品除去,并用焊剂进行上锡处理,使得焊头的前端经常保持一层薄锡,以防止氧化,从而减少能耗,使导热良好。

（2）焊接时的处理。用电烙铁焊接导线时,必须使用焊料和焊剂。焊料一般为丝状焊锡或纯锡,常见的焊剂有松香、焊膏等。

**2．热风枪**

热风枪又称贴片电子元件拆焊台，专门用于表面贴片安装电子元件（特别是多管脚的集成电路）的焊接和拆除。它的外形如图 2-18 所示。

**3．吸锡器**

吸锡器是拆卸电子元件时的必备工具，用于吸出焊点上的存锡。它的外形如图 2-19 所示。

图 2-18　热风枪的外形

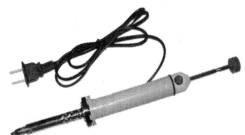

图 2-19　吸锡器的外形

**4．喷灯**

喷灯是一种利用喷射火焰对工件进行加热的工具，常用于焊接铅包电缆的铅包层、大截面铜导线连接处的搪锡、电连接表面的防氧化镀锡、锡焊时加热电烙铁或工件、水箱加热解冻、小型金属制件的热处理等。按使用燃油的不同，喷灯分煤油喷灯和汽油喷灯两种。喷灯燃烧时火焰温度可达 900 ℃以上。喷灯的外形如图 2-20 所示。

## 六、电动工具

**1．手电钻**

手电钻是利用钻头加工小孔的常用电动工具，分手枪式和手提式两种。一般手枪式电钻加工孔径为 0.3～6.3 mm；手提式电钻加工范围较大，加工孔径为 6～13 mm。手电钻的外形如图 2-21 所示。

图 2-20　喷灯的外形

图 2-21　手电钻的外形

手电钻在使用时应注意以下几点：

（1）使用前首先要检查电线绝缘是否良好，如果电线有破损，可用绝缘胶布包好。

（2）手电钻接入电源后，要用验电笔测试外壳是否带电，不带电才能使用。操作中需接触手电钻的金属外壳时，应佩戴绝缘手套，穿电工绝缘鞋并站在绝缘板上。

（3）在使用手电钻过程中，钻头应垂直于被钻物体，用力要均匀，当钻头卡在被钻物体上时，应停止钻孔，检查钻头是否卡得过松，重新紧固钻头后再使用。

（4）钻头在钻金属孔过程中，若温度过高，很可能引起钻头退火，因此钻孔时要适量加些润滑油。

**2. 冲击钻**

冲击钻常用于在建筑物上打孔，把调节开关置于"钻"的位置，可作为普通电钻使用；把调节开关置于"锤"的位置，钻头边旋转边前后冲击，便于钻混凝土或砖结构建筑物上的孔，通常可冲打直径为 6～16 mm 的圆孔。冲击钻的外形如图 2-22 所示。

图 2-22　冲击钻的外形

冲击钻在使用中应注意以下几点：

（1）对于长期搁置不用的冲击钻，使用前必须用 500 V 兆欧姆表测定其绝缘电阻，其值应不小于 0.5 MΩ。

（2）在使用金属外壳冲击钻时，必须戴绝缘手套，穿绝缘鞋并站在绝缘板上，以确保工作人员的人身安全。

（3）在调速或调挡时，应该停转后再进行，避免打坏内部齿轮。

（4）在钢筋建筑物上冲孔，遇到硬物时不应施加过大的压力，以免钻头退火或冲击钻因过载而损坏。冲击钻因故突然停转时应立即切断电源。

（5）在钻孔时应经常把钻头从钻孔中拔出，以便排除钻屑。

**3. 电锤**

电锤是装修工程常使用的一种工具，适用于混凝土、砖石等硬质建筑材料的钻孔，可替代手工进行凿孔操作。它的外形如图 2-23 所示。

图 2-23　电锤的外形

电锤在使用中应注意以下几点：

（1）使用前先检查电源线有无损伤，用 500 V 兆欧姆表对电锤电源线进行检测，电锤绝缘电阻应不小于 0.5 MΩ 才能通电运转。

（2）电锤使用前应先通电空转一下，检查转动部分是否灵活，待检查电锤无故障后方能使用。

（3）工作时先将钻头顶在工作面上，然后启动开关，尽可能避免空打孔。在钻孔中若发现电锤不转，应立即松开电源开关，检查出原因后方能再次启动。

（4）使用电锤时，若发现声音异常，要立即停止钻孔。如果因连续工作时间过长电锤发烫，也要让电锤停止工作，使其自然冷却，切勿用水淋浇。

图 2-24　电动螺丝刀的外形

### 4. 电动螺丝刀

在现代工厂生产中，多采用电动螺丝刀。它主要利用电力作为动力，使用时只要按动开关，螺丝刀即可按预先选定的顺时针或逆时针方向旋动，完成旋紧或松脱螺钉的工作。它的外形如图 2-24 所示。

## 七、其他电工常用工具

### 1. 钢锯

钢锯常用于锯割各种金属板和电路板、槽板等，外形如图 2-25 所示。

图 2-25　钢锯的外形

### 2. 手锤和电工用凿

手锤又称榔头，是电工在拆装电气设备时常用的工具。电工可通过用手锤敲击来校直、凿削和装卸零件等。手锤由锤头和木柄两部分组成，使用方法如图 2-26 所示。

图 2-26　手锤的使用方法

电工用凿主要用来在建筑物上打孔,以便下输线管或安装架线木桩。常用的电工用凿有麻线凿、小扁凿等。电工用凿的外形如图 2-27 所示。

**3. 手摇绕线机**

手摇绕线机主要用来绕制小型电动机的绕组、低压电器线圈和小型变压器线圈,外形如图 2-28 所示。手摇绕线机具有体积小、重量轻、操作简便、能记忆绕制的匝数的特点。使用手摇绕线机时应注意以下几个问题:

(1) 使用时要把绕线机牢固固定在操作台上。

(2) 绕制线圈时注意记下起头指针所指示的匝数,并在线圈绕制后减去。

(3) 绕线操作者需用手把导线拉紧拉直,但要注意较细的漆包线切勿用力过度,以免将漆包线拉断,或损伤漆包线绝缘层。

图 2-27　电工用凿的外形

图 2-28　手摇绕线机的外形

# ◀ 任务二　电工常用仪表简介及使用方法 ▶

## 一、万用表

万用表是一种多用途的仪表,一般万用表可以测量直流电流、直流电压、交流电压、直流电阻和音频电平等电量,有的万用表还可以测量交流电流、电容、电感以及晶体管的放大系数等。万用表具有结构紧凑、用途广泛、携带和测量方便等优点,因此在电器维修和调试工作中得到了广泛的应用。

### (一) 万用表的基本组成及分类

万用表由测量机构(习惯上称表头)、测量电路和转换开关组成。它的外形做成便携式或袖珍式,面板上装有标尺、转换开关、电阻测量挡的调零旋钮以及接线柱或插孔等。

(1) 万用表表头是一只高灵敏度的磁电式直流电流表,万用表的主要性能指标基本上取决于表头的性能。表头的灵敏度是指表头指针满刻度偏转时流过表头的直流电流值,这个值越小,表头的灵敏度越高。测电压时的内阻越大,万用表的性能就越好。

（2）测量电路是用来把各种被测量转换到适合表头测量的微小直流电流的电路。它由电阻、半导体元件及电池组成，能将各种不同的被测量（如电流、电压、电阻等）、不同的量程，经过一系列的处理（如整流、分流、分压等）统一变成一定量限的微小直流电流送入表头进行测量。

（3）转换开关用来选择被测电量的种类和量程（或倍率）。万用表的转换开关是一个多挡位的旋转开关，一般采用多层多刀多掷开关，用来选择测量项目和量程（或倍率）。一般的万用表测量项目包括："mA"直流电流；"V"直流电压；"V～"交流电压；"Ω"电阻。每个测量项目又划分为几个不同的量程（或倍率）以供选择。

万用表一般可分为指针式万用表和数字式万用表两种。

## （二）指针式万用表的使用

指针式万用表是电气测量中应用最广泛的一种电工测量仪表，下面以图 2-29 所示的 MF 47C 型万用表为例介绍指针式万用表的使用方法。

### 1. 指针式万用表介绍

MF 47C 型万用表的表盘如图 2-30 所示，表盘上共有 7 条标度尺，从上到下各条标度尺的说明见表 2-1。

图 2-29　MF 47C 型万用表的外形

图 2-30　MF 47C 型万用表的表盘

表 2-1　表盘标度尺说明

| 对应标度尺（从上至下） | 名称 | 说明 |
| --- | --- | --- |
| 1 | 电阻标度尺 | 用"Ω"表示 |
| 2 | 直流电压、交流电压及直流电流共用标度尺 | 分别在标度尺左右两侧，分别用"$\frac{V}{\sim}$"和"$\frac{mA}{\cdots}$"表示 |
| 3 | 10 V 交流电压标度尺 | 用"AC10V"表示 |
| 4 | 晶体管共发射极直流电流放大系数标度尺 | 用"hFE"表示 |

续表

| 对应标度尺<br>（从上至下） | 名称 | 说明 |
|---|---|---|
| 5 | 电容容量标度尺 | 用"C（μF）50Hz"表示 |
| 6 | 电感量标度尺 | 用"L（H）50Hz"表示 |
| 7 | 音频电平标度尺 | 用"dB"表示 |

**2. 指针式万用表的使用**

1）调零

为了减小测量误差，在使用万用表之前要进行机械调零。在测量电阻之前，还要进行欧姆调零。

2）接线

进行测量前，先检查红、黑表笔连接的位置是否正确。红表笔接到红色接线柱或标有"＋"号的插孔内，黑表笔接到黑色接线柱或标有"－"号的插孔内，不能接反，否则在测量直流电量时会因正负极的反接而使指针反转，损坏表头部件。另外，MF 47C 型万用表还提供2 500 V 交直流电压扩大插孔及5 A 的直流电流扩大插孔，使用时分别将红表笔移至对应插孔中即可。

3）测量挡位的选择

在表笔连接被测电路之前，一定要查看所选挡位与测量对象是否相符；误用挡位和量程，不仅得不到测量结果，还会损坏万用表。选择电压或电流量程时，最好使指针处在标度尺 2/3 以上的位置；选择电阻量程时，最好使指针处在标度尺的中间位置。这样做的目的是尽量减小测量误差。测量时，当不能确定被测电流、电压的数值范围时，应先将转换开关转至对应的最大量程，然后根据指针的偏转程度逐步减小至合适的量程。

4）读数

万用表的表盘上有许多条标度尺，分别用于不同的测量对象，所以测量时要在对应的标度尺上读数，同时应注意标度尺读数和量程的配合，避免出错。

5）操作安全注意事项

在进行高压测量或测量点附近有高电压时，一定要注意人身和仪表的安全。在高电压及大电流测量时，严禁带电切换量程开关，否则有可能损坏转换开关。

另外，万用表用完之后，最好将转换开关置于空挡或交流电压最高挡，以防下次测量时由于疏忽而损坏万用表。

## （三）数字式万用表的使用和测量方法

移动电话、计算机及互联网连接等信息产业的蓬勃发展，给电子技术人员带来了不小的压力。维护、修理及安装这些复杂设备都需要诊断工具来提供准确的信息。数字式万用表的出现从一定层面上缓解了该压力。数字式万用表（digital multimeter，DMM）的外形如图 2-31 所示。

**图 2-31　数字式万用表的外形**

**1. 二极管蜂鸣挡的使用**

二极管蜂鸣挡的主要功能是测量二极管压降，判断二极管正负极，判断线路通断。

（1）二极管好坏的判断。将转换开关打在"▷⊢"挡，红表笔插在右一孔内，黑表笔插在右二孔内，两支表笔的前端分别接二极管的两极，如图 2-32 所示，然后颠倒表笔再测一次。

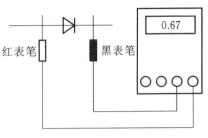

图 2-32　二极管好坏的判断

测量结果如下：如果两次测量的结果为一次显示数字 1，另一次显示数字零点几，那么此二极管就是一个正常的二极管；假如两次显示相同，那么此二极管已经损坏，LCD 上显示的一个数字即为二极管的正向压降（硅材料约为 0.6 V，锗材料约为 0.2 V），根据二极管的特性，可以判断此时红表笔接的是二极管的正极，而黑表笔接的是二极管的负极。

需要注意的是，指针式万用表黑表笔接内部电源的正极，红表笔接内部电源的负极；数字式万用表黑表笔接内部电源的负极，红表笔接内部电源的正极。这个分别在判断二极管的正负端时需注意。

（2）短路检查。将转换开关打在短路（·›）挡，表笔位置同上。用两表笔的另一端分别接被测两点，若此两点确实短路，则万用表中的蜂鸣器发出声响。此项用途可以用来探测 PCB 线路，即俗称的"跑线路"。

**2. 电阻的测量**

用数字式万用表测量电阻的步骤如下：

（1）关掉电路电源。

（2）选择电阻挡（Ω）。

（3）将黑表笔插入 COM 插口，红表笔插入 VΩ 插口。

（4）将表笔前端跨接在器件两端，或想测电阻的那部分电路两端。

（5）查看读数，确认测量单位——欧姆（Ω）、千欧（kΩ）或兆欧（MΩ）。

**3. 交直流电压的测量**

用数字式万用表测量交直流电压的步骤如下。

（1）将黑表笔插入 COM 插口，红表笔插入 VΩ 插口。

（2）将转换开关调到 V～（交流）或 V−（直流），并选择合适的量程。

（3）红表笔探针接触被测电路正端，黑表笔探针接地或接负端，即与被测线路串联。

（4）读出 LCD 显示屏上的数字。

需要注意的是，测量之前，首先应预测被测量大小，若无法预测，则将量程调到最大挡位。为了正确读出直流电压的极性（±），将红表笔接触电路正极，黑表笔接触负极或电路的地；如果反向连接，具有自动极性变换功能的数字式万用表会显示一个减号来代表负极性。对于指针式万用表，这样操作有可能会损坏仪表。禁止在测量高电压（220 V 以上）或大电流（0.5 A 以上）时换量程，以防止产生电弧，烧毁开关触点。

**4. 电流的测量**

用数字式万用表测量电流的步骤如下：

（1）断开电路。

（2）将黑表笔插入 COM 插口,红表笔插入 mA 或者 20 A 插口。

（3）将转换开关调到 A～(交流)或 A－(直流),并选择合适的量程。

（4）断开被测线路,将数字式万用表串联到被测线路中,被测线路中电流从一端流入红表笔,经万用表黑表笔流出,再流入被测线路中。

（5）接通电路。

（6）读出 LCD 显示屏上的数字。

**5. 电容的测量**

用数字式万用表测量电容的步骤如下：

（1）将电容两端短接,对电容进行放电,确保数字式万用表的安全。

（2）将转换开关调到电容(C)测量挡,并选择合适的量程。

（3）将电容插入万用表 C-X 插孔。

（4）读出 LCD 显示屏上的数字。

**6. 晶体管 $\beta$ 值的测量**

晶体管 $\beta$ 值指的是晶体管电流放大系数,它是集电极电流变化量与基极电流变化量之比。

将转换开关调到 hFE 挡,根据晶体管的类型(NPN/PNP)并按晶体管三个极的位置,将其插入对应万用表的晶体管插孔,从 LCD 显示屏上读出的数字即为该晶体管的 $\beta$ 值。

需要注意的是,当万用表的电池电量即将耗尽时,LCD 显示屏左上角会有电池符号显示,提示电池电量低。读数时若显示的是数字 1,则表明被测量大于所使用的量程,须加大量程重新测量。有些数字式万用表没有自动关机功能,使用过后要将电源开关置于关闭状态,以节省电池的电量。

# 二、钳形电流表

通常,当用电流表测量负载电流时,必须把电流表串联在电路中。但当在施工现场需要临时检查电气设备的负载情况或线路流过的电流时,如先把线路断开,然后把电流表串联到电路中,就会很不方便。采用钳形电流表测量电流,不必把线路断开,可以直接测量负载电流的大小。

## （一）钳形电流表简介

钳形电流表是一种常用的测量电流的仪表,又称钳形表,是电流互感器的一种变形。它可在不开电路的情况下直接测量交流电流,在电气维修中使用相当广泛、方便。它一般用于测量电压不超过 500 V 的负荷电流。

钳形电流表的工作部分主要由一只电磁式电流表和穿心式电流互感器组成。穿心式电流互感器铁芯制成活动开口,且呈钳形,故名钳形电流表。钳形电流表的结构如图 2-33 所示。

钳形电流表按显示方式分为指针式和数字式;按功能分主要有交流钳形电流表、多用钳形电流表、谐波数字钳形电流表、泄漏电流钳形电流表和交直流两用钳形电流表等几种。各种钳形电流表的外形如图 2-34 所示。

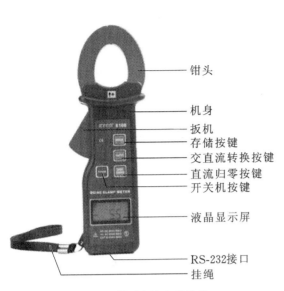

图 2-33　钳形电流表的结构

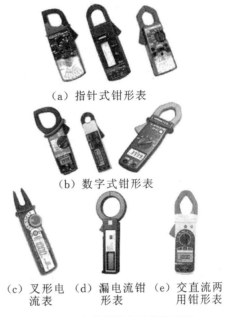

（a）指针式钳形表

（b）数字式钳形表

（c）叉形电流表　（d）漏电流钳形表　（e）交直流两用钳形表

图 2-34　各种钳形电流表的外形

钳形电流表的工作原理与变压器相似。一次绕组就是穿过钳形铁芯的导线,相当于一匝变压器的一次绕组,这是一个升压变压器。二次绕组和测量用的电流表构成二次回路。当导线有交流电流通过时,就是这一匝线圈产生了交变磁场,在二次回路中产生了感应电流,电流的大小和一次电流的比例,相当于一次绕组和二次绕组匝数的反比。钳形电流表用于测量大电流,如果电流不够大,可以将一次导线在通过钳形电流表时增加圈数,同时将测得的电流数除以圈数。钳形电流表的穿心式电流互感器的二次绕组缠绕在铁芯上且与交流电流表相连,它的一次绕组即为穿过互感器中心的被测导线。旋钮实际上是一个量程选择开关,扳机的作用是开合穿心式电流互感器铁芯的可动部分,以便使其钳入被测导线。测量电流时,按动扳机,打开钳口,将被测载流导线置于穿心式电流互感器的中间。当被测导线中有交变电流通过时,交流电流的磁通在互感器二次绕组中感应出电流,该电流通过电磁式电流表的线圈,使指针发生偏转,在表盘标度尺上指出被测电流值。

## （二）钳形电流表的使用

### 1. 测量前的准备

（1）检查仪表的钳口上是否有杂物或油污,如果有,待清理干净后再测量。

（2）进行仪表的机械调零。

### 2. 钳形电流表的测量过程

（1）估计被测电流的大小,将转换开关调至需要的测量挡。如无法估计被测电流大小,先用最大量程挡测量,然后根据测量情况调到合适的量程。

（2）握紧钳柄,使钳口张开,放置被测导线。为减少误差,被测导线应置于钳口的中央。

（3）钳口要紧密接触,如遇有杂音,可检查钳口是否清洁,或重新开口一次再闭合。

（4）测量 5 A 以下的小电流时,为提高测量精度,在条件允许的情况下,可将被测导线多绕几圈,再放入钳口进行测量。此时实际电流应是仪表读数除以放入钳口中的导线圈数。

（5）测量完毕,将转换开关拨到最大量程挡位上。

**3. 钳形电流表的使用注意事项**

钳形电流表的使用注意事项如下：

（1）测高压线路电流时,要戴绝缘手套,穿绝缘鞋并站在绝缘垫上；身体各部位与带电体保持在安全距离（低压系统安全距离为 0.1～0.3 m）之外。潮湿和雷雨天气不得到室外使用钳形电流表。

（2）被测电路的电压不可超过钳形电流表的额定电压,且保证仪表的绝缘性能良好,即外壳无破损,手柄清洁干燥。钳形电流表不能用于测量高压电气设备,不能用于测量无绝缘的带电线路,以防止触电事故的发生。

（3）不能在测量过程中转动转换开关换挡。在换挡前,应先将载流导线退出钳口。

### （三）用钳形电流表测量电动机的电流

交流电动机是在生产实际中经常用到的生产设备。空载试验是在电动机绕组加上三相平衡的额定电压,空载运行约 1 小时,然后测量三相电流是否平衡,空载电流是否太大或太小。用钳形电流表测量示意图如图 2-35 所示。用钳形电流表测量电动机的电流时,可将钳形电流表的转换开关旋在与额定电流相对应的数值上,将钳形电流表卡在电动机任一根电源线上,且使导线穿过钳口中心,读出所测电流值。所测电流太大,表示定子与转子之间的气隙可能超出允许值或定子绕组匝数太少；所测电流太小,表示定子绕组匝数太多或将三角形误接成星形。

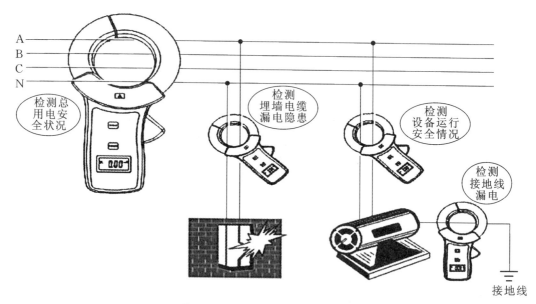

图 2-35　用钳形电流表测量示意图

## 三、直流单臂电桥

电桥是一种常用的比较式仪表,是用准确度很高的元件（如标准电阻器、电感器、电容器)作为标准量,然后用比较的方法测量电阻、电感、电容等电路参数,所以电桥测量的准确度很高。电桥的种类很多,可分为交流电桥(用于测量电感、电容等交流参数)和直流电桥两类。直流电桥又分为单臂电桥和双臂电桥两种。下面主要介绍直流单臂电桥的结构、工作原理和使用方法。

### （一）直流单臂电桥的结构及工作原理

直流单臂电桥又称惠斯通电桥,是一种专门用来测量中等大小电阻($1\ \Omega\sim100\ \text{k}\Omega$)的精密测量仪器,测量值一般可以精确到 4 位有效数字。直流单臂电桥原理图如图 2-36 所示,$R_x$、$R_2$、$R_3$、$R_4$ 组成电桥的 4 个臂。其中,$R_x$ 为被测臂,$R_2$、$R_3$ 构成比例臂,$R_4$ 为比较臂。在电桥的两个顶点 $a$、$b$ 之间(一般称为电桥输入端)接一个直流电源,而在电桥的另外两个顶点 $c$、$d$ 之间(一般称为电桥输出端)接一个检流计。电桥电源接通之后,调节桥臂电阻 $R_2$、$R_3$ 和 $R_4$,使检流计 P 的指示值为零,即 $I_g=0$ A,这种状态称为电桥的平衡状态。当电桥平衡时,有

$$U_{ac}=U_{ad}, \quad U_{cb}=U_{db}$$

即

$$I_1R_x=I_4R_4, \quad I_2R_2=I_3R_3$$

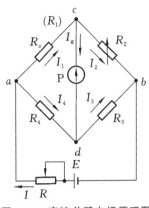

图 2-36 直流单臂电桥原理图

由于电桥平衡时,$I_g=0$ A,因此有 $I_1=I_2$,$I_3=I_4$,代入以上两式,并将两式相除,可得

$$\frac{R_x}{R_2}=\frac{R_4}{R_3}$$

即

$$R_xR_3=R_2R_4 \tag{2-1}$$

式(2-1)称为电桥的平衡条件,它说明电桥相对臂电阻的乘积相等时,电桥就处于平衡状态,检流计中的电流 $I_g=0$ A。

整理式(2-1)得

$$R_x=\frac{R_2}{R_3}R_4 \tag{2-2}$$

式(2-2)说明,电桥平衡时,被测电阻 $R_x$ =比例臂倍率×比较臂读数。

### （二）QJ23 型直流单臂电桥简介

QJ23 型直流单臂电桥的原理电路如图 2-37 所示。它的比例臂 $R_2$ 和 $R_3$ 共由 8 个标准电阻组成,共分为 7 挡,由转换开关 S 换接。比例臂的读数盘设在面板左上方,比较臂 $R_4$ 由 4 个可调标准电阻组成,它们分别由面板上的 4 个读数盘控制,可得到 0～9 999 $\Omega$ 范围内的任意电阻值,最小步进值为 1 $\Omega$。

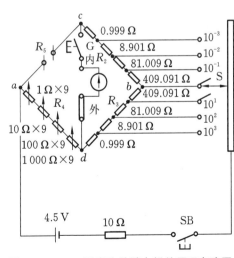

图 2-37 QJ23 型直流单臂电桥的原理电路图

面板上标有"Rx"的两个端钮用来连接被测电阻。当使用外接电源时,可从面板左上角标有 B 的两个端钮接入;若需使用外附检流计,应用连接片将内附检流计短路,再将外附检流计接在面板左下角标有"外接"的两个端钮上。

### (三)直流单臂电桥的使用方法

直流单臂电桥的型号很多,但操作方法基本相同。下面以 QJ23 型直流单臂电桥为例来说明直流单臂电桥的使用方法。

(1)使用前先将检流计的锁扣打开(由内到外),调节调零器,使指针指在零位。

(2)把被测电阻接在 $R_x$ 的位置上。要求用较粗较短的连接导线,并将接线端的氧化膜刮净,接头拧紧,避免使用线夹。这是因为接头接触不良将使电桥的平衡不稳定,严重时可能损坏检流计。

(3)用万用表估测被测电阻的大小,选择适当的比例臂,使比较臂的四挡电阻都能被充分利用,且比较臂的第一盘(×1 000)上的读数不为 0,才能保证测量的准确度。例如,被测电阻 $R_x$ 为几欧时,应选用 $R_x×0.001$ 的比例臂。这样,当电桥平衡时,若比例臂读数为 2 351 Ω,则 $R_x=0.001×2\,351\ \Omega=2.351\ \Omega$。而此时如果比例臂选择在 $R_x×1$ 挡,则电桥平衡时,$R_x=1×2\ \Omega=2\ \Omega$。显然,比例臂选择不正确会产生很大的测量误差,从而失去电桥精确测量的意义。同理,被测电阻为几十欧时,比例臂应选 $R_x×0.01$ 挡。其余以此类推。

(4)当测量电感线圈(如电动机或变压器绕组)的直流电阻时,应先按下电源按钮 B,再按下检流计按钮 G;测量完毕,应先松开检流计按钮 G,再松开电源按钮 B,以免被测线圈产生的自感电动势损坏检流计。

(5)调整比较臂电阻使检流计指针指向零位,电桥平衡。若检流计指针指向"+"端,则需增大比较臂电阻;若检流计指针指向"-"端,则需减小比较臂电阻。反复调节,直到检流计指针指到零位为止。

(6)读取数据:被测电阻 $R_x$=比例臂倍率×比较臂读数。

(7)测量完毕,先断开检流计按钮,再断开电源按钮,然后拆除被测电阻,再将检流计锁扣锁上,以防搬动过程中损坏检流计。对于没有锁扣的检流计,应将按钮 G 断开,它的常闭触点会自动将检流计短路,使可动部分受到保护。

(8)发现电池电压不足时应及时更换,否则将影响电桥的灵敏度。当采用外接电源时,必须注意电源的极性。将电源的正、负极分别接到"+""-"端钮,且不要使外接电源电压超过电桥说明书上的规定值,否则有可能烧坏桥臂电阻。

## 四、兆欧表

### (一)兆欧表的结构与作用

兆欧表也称为绝缘电阻表(俗称摇表),是检测电气设备、供电线路绝缘电阻的一种可携式仪表。兆欧表上面的标尺刻度以"MΩ"为单位,可较准确地测出绝缘电阻值。它在测量绝缘电阻时本身就带有高电压电源,这就是它与其他测量电阻仪表的不同之处。

通常兆欧表由两部分组成:一部分是由磁电系比率表组成的测量机构;另一部分是由手

摇直流发电机组成的电源供给系统,包括接线柱("L""E""G")。兆欧表的外形如图 2-38 所示。

兆欧表中的手摇直流发电机多数为永磁发电机,可以发出较高的直流电压。常用的手摇直流发电机有 250 V、500 V、1 000 V 和 2 500 V 等几种规格,可按照测量要求来选用。近年来,随着电子技术的发展,某些型号(如 ZC26、ZC30)的兆欧表已经采用晶体管直流变换器来代替手摇直流发电机。

图 2-38 兆欧表的外形

## (二)兆欧表的选择

兆欧表的主要性能参数有额定电压、测量范围等,额定电压有 100 V、250 V、500 V、1 000 V、2 500 V 等规格,测量范围有 0~200 MΩ、0~500 MΩ、0~1 000 MΩ、0~2 000 MΩ、2~2 000 MΩ 等规格。

选择兆欧表时,兆欧表的额定电压一定要与被测电气设备或线路的工作电压相适应,测量范围也要与被测量绝缘电阻的范围相吻合。兆欧表测量范围的选择主要考虑两方面:一方面,测量低压电气设备的绝缘电阻时可选用 0~200 MΩ 的兆欧表,测量高压电气设备或电缆时可选用 0~2 000 MΩ 的兆欧表;另一方面,因为有些兆欧表的起始刻度不是零,而是 1 MΩ 或 2 MΩ,这种仪表不宜用来测量处于潮湿环境中的低压电气设备的绝缘电阻,因为该绝缘电阻可能小于 1 MΩ,造成仪表无法读数或读数不准确。

选择兆欧表时,主要是选择它的额定电压及测量范围。兆欧表的额定电压应根据被测电气设备或线路的额定电压来选择。例如,测量额定电压在 500 V 以上的电气设备绝缘电阻时,一般应选择额定电压为 2 500 V 的兆欧表;而测量额定电压在 500 V 以下的电气设备绝缘电阻时,可选择额定电压为 500 V 或 1 000 V 的兆欧表。若选用额定电压太低的兆欧表去测量高压设备的绝缘电阻,则测量结果不能正确反映被测设备在工作电压下的绝缘电阻值;若选用额定电压太高的兆欧表去测量低压电气设备的绝缘电阻,则有可能损坏被测电气设备的绝缘。表 2-2 中列举了兆欧表的额定电压和量程选择,可供参考。

表 2-2　兆欧表的额定电压和量程选择

| 被测对象 | 设备的额定电压 | 兆欧表的额定电压/V | 兆欧表的量程/MΩ |
| --- | --- | --- | --- |
| 普通线圈的绝缘电阻 | 500 V 以下 | 500 | 0~200 |
| 变压器和电动机线圈的绝缘电阻 | 500 V 以上 | 1 000~2 500 | 0~200 |
| 发动机线圈的绝缘电阻 | 500 V 以下 | 1 000 | 0~200 |
| 低压电气设备的绝缘电阻 | 500 V 以下 | 500~1 000 | 0~200 |
| 高压电气设备的绝缘电阻 | 500 V 以上 | 2 500 | 0~2 000 |
| 瓷瓶、高压电缆、刀闸的绝缘电阻 | — | 2 500~5 000 | 0~2 000 |

## (三)使用兆欧表前的准备

(1)测量前须先校表。校表是指兆欧表使用前要先进行一次开路和短路试验,检查兆欧表是否良好。将兆欧表平稳放置,先使"L""E"两端开路,摇动手柄使发电机达到额定转速,这时表头指针在"∞"刻度处；然后将"L""E"两端短路,缓慢摇动手柄,指针应指在"0"刻度上。若指示不对,说明该兆欧表不能使用,应进行检修。兆欧表的开路和短路试验如图2-39所示。

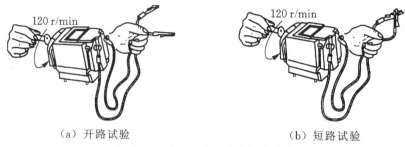

（a）开路试验　　　　　　　　　　　　（b）短路试验

图2-39　兆欧表的开路和短路试验

（2）用兆欧表测量线路或设备的绝缘电阻,必须在不带电的情况下进行,绝对不允许带电测量。

（3）测量前应先断开被测线路或设备的电源,并对被测设备进行充分放电,清除残存静电荷,以免危及人身安全或损坏仪表。

### （四）用兆欧表测量绝缘电阻的方法及注意事项

兆欧表使用时应放在平稳、牢固的地方,且远离大的外电流导体和外磁场。兆欧表的接线柱共有三个："L"为线端,"E"为地端,"G"为屏蔽端（也称为保护环）。一般被测绝缘电阻都接在"L"和"E"端之间,但当被测绝缘体表面漏电严重时,必须将被测物的屏蔽环或无须测量的部分与"G"端相连接。这样,漏电流就经由屏蔽端"G"直接流回发电机的负端形成回路,而不再流过兆欧表的测量机构,这样就从根本上消除了表面漏电流的影响。特别应该注意的是：测量电缆线芯和外表之间的绝缘电阻时,一定要接好屏蔽端"G",因为当空气湿度大且电缆绝缘表面又不干净时,电缆绝缘表面的漏电流将很大。为防止被测物因漏电而对其内部绝缘测量所造成的影响,一般在电缆外表加一个金属屏蔽环与兆欧表的"G"端相连。

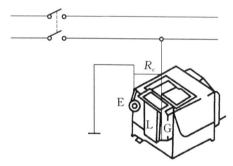

图2-40　测电力线路的绝缘电阻

（1）测量电力线路的绝缘电阻时,将"E"接线柱可靠接地,"L"接被测量线路,如图2-40所示。

（2）测量电动机、电气设备的绝缘电阻时,将"E"接线柱接设备外壳,"L"接电动机绕组或设备内部电路,如图2-41所示。

（3）测量电缆芯线与外壳间的绝缘电阻时,将"E"接线柱接电缆外壳,"L"接被测芯线,"G"接电缆壳与芯之间的绝缘层上,如图2-42所示。

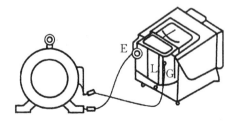

图2-41　测电动机的绝缘电阻

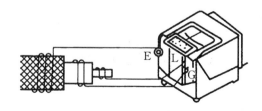

图2-42　测电缆芯线的绝缘电阻

（4）接好线后，按顺时针方向摇动手柄，速度由慢到快，并稳定在 120 r/min，允许有 ±20％的变化，最多不应超过 25％。通常要摇动 1 min 后，待指针稳定下来再读数。

（5）若被测电路中有电容，则先持续摇动一段时间，让兆欧表对电容充电，指针稳定后再读数。测定后先拆去接线，再停止摇动。若测量中发现指针指零，应立即停止摇动手柄。

（6）兆欧表测量用的接线要选用绝缘良好的单股导线，测量时两条线不能绞在一起，以免导线间的绝缘电阻影响测量结果。

（7）测量完毕后，在兆欧表没有停止转动或被测设备没有放电之前，不可用手触及被测部位，也不可拆除连接导线，以免引起触电。

（8）测量具有大电容的设备时，读数后不得立即停止摇动手柄，否则已充电的电容将对兆欧表放电，有可能烧坏仪表。

（9）手摇发电机要保持匀速，不可忽快忽慢地使指针不停地摆动。

（10）测量过程中，若发现指针为零，说明被测物的绝缘层可能击穿短路，此时应停止继续摇动手柄。

（11）温度、湿度、被测物的有关状况等对绝缘电阻的影响较大，为便于分析比较，记录数据时应反映上述情况。

另外，需要注意的是，当用兆欧表摇测电气设备的绝缘电阻时，一定要注意"L"和"E"接线柱不能接反，正确的接法是："L"接线柱接被测设备导体，"E"接线柱接被测设备外壳，"G"接线柱接被测设备的绝缘部分。如果将"L"和"E"接反了，流过绝缘体内及表面的漏电流经外壳汇集到地，由地经"L"流进测量线圈，使"G"失去屏蔽作用而给测量带来很大误差。还需注意，因为"E"接线柱内部引线同外壳的绝缘程度比"L"端与外壳的绝缘程度要低，当兆欧表放在地上使用，采用正确接线方式时，"E"接线柱对仪表外壳和外壳对地的绝缘电阻相当于短路，不会造成误差。而当"L"与"E"接反时，"E"对地的绝缘电阻同被测绝缘电阻并联，从而使测量结果偏小，给测量带来较大误差。

由此可见，要想准确地测量出电气设备的绝缘电阻，必须对兆欧表进行正确的使用，否则，将影响测量的准确性和可靠性。

# 五、信号发生器

信号发生器又称信号源，是为电子测量提供符合一定技术要求的电信号的仪器。信号发生器可产生波形、频率和幅值不同的信号，用来测试电路的放大倍数、频率特性等技术参数，也可以用来校准仪表及为各种电路提供信号。

## （一）信号发生器的分类

信号发生器产品种类繁多，大致可按照输出信号波形、输出信号频率范围、用途及调制方式进行分类。

### 1. 按输出信号波形分类

按输出信号波形不同，信号发生器可分为正弦信号发生器和非正弦信号发生器两类。正弦信号发生器主要产生正弦波或受调制的正弦波信号。非正弦信号发生器产品种类较多，常见的有函数信号发生器、脉冲信号发生器、扫频信号发生器、噪声信号发生器等。函数信号发生器产生多种函数波形的信号,如方波、三角波、锯齿波等;脉冲信号发生器用于产生脉宽可调的重复脉冲波信号;扫频信号发生器可产生频率随时间按特定规律(如线性规律、对数规律)变化的扫频信号,可用于单元电路或电子系统的频率特性测试;噪声信号发生器可产生各种噪声信号,在电子线路或电子产品测试中,噪声信号发生器可用于模拟干扰。

**2. 按输出信号频率范围分类**

按输出信号频率范围不同,信号发生器可分为超低频信号发生器、低频信号发生器、视频信号发生器、高频信号发生器、甚高频(VHF)信号发生器、超高频(UHF)信号发生器等类别。各类别信号发生器输出信号的频率范围分别为:小于 1 kHz(超低频信号发生器),1 Hz~1 MHz(低频信号发生器),20 Hz~10 MHz(视频信号发生器),200 kHz~30 MHz(高频信号发生器),30~300 MHz(VHF 信号发生器),大于 300 MHz(UHF 信号发生器)。

需要说明的是,信号发生器的频率范围分类标准并不是绝对的,实际信号发生器单一产品的输出信号频率范围可能会涵盖多个频段。例如,XD-2 型低频信号发生器可输出 1 Hz~1 MHz 正弦信号,VD1641A 型函数信号发生器可输出 1 Hz~2 MHz 频率的多种函数信号,XFG-7 型高频信号发生器可输出 100 kHz~30 MHz 载波频率调幅信号,AS1051S 型射频信号发生器可输出 100 kHz~150 MHz 载波频率调幅或调频信号。

**3. 按用途分类**

按用途不同,信号发生器可分为通用信号发生器和专用信号发生器两类。通用信号发生器适用于一般测试场合,如低频信号发生器、函数信号发生器及高频信号发生器等。专用信号发生器是为某种特殊测量目的而研制的,其特性应适应于测量对象或测试场合的要求,如电视信号发生器、编码脉冲信号发生器等。

**4. 按调制方式分类**

按调制方式,信号发生器可分为调频、调幅和脉冲调制等类型。

## (二)低频信号发生器的组成及基本原理

**1. 低频信号发生器的组成**

低频信号发生器是用来产生标准低频正弦信号的一种电子仪器。作为测试用的信号源,要求它能根据需要输出正弦波音频电压或功率,供电气设备或电子线路的调试及维修时使用。

低频信号发生器主要由振荡器、功率放大器、输出级和指示电压表等几部分组成。它的基本组成原理框图如图 2-43 所示。

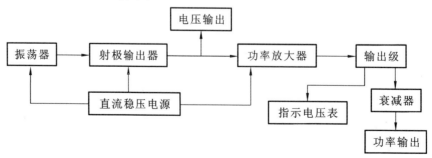

图 2-43 低频信号发生器的基本组成原理框图

1）振荡器

作为低频信号发生器的核心,振荡器决定了仪器输出信号的波形和频率。目前应用最多的是 $RC$ 文氏桥式振荡器,它具有非线性小、输出正弦波形好、频率调节方便、工作稳定等优点。振荡信号经射极输出器分两路输出:一路作为电压输出,输出电压大小用"输出电压"旋钮调节;另一路送到功率放大器。该振荡器的输出频率完全由 $RC$ 振荡电路来决定。

2）功率放大器

功率放大器在低频信号发生器中的作用是提供给负载不失真的信号和足够的功率。为提高带负载能力,一般采用射极输出器输出。放大管工作于高电压大电流状态,一般设有保护电路和保护电路的自动恢复电路,以保证仪器的使用安全。

3）输出级和指示电压表

输出级由衰减器将输出信号幅度调节到所需要的数值。低频信号发生器的输出信号调节一般同时采用连续调节和步进调节。指示电压表可以指示出信号电压的大小。

4）电源

振荡器和功率放大器使用 40 V 直流稳压电源。

**2. 低频信号发生器的基本原理**

低频信号发生器原理图如图 2-44 所示。图中所示方波由三角波通过方波变换电路变换而成,实际中,三角波和方波的产生是难以分开的,方波变换电路通常是三角波发生器的组成部分。正弦波是三角波通过正弦波变换电路变换而来的。所需波形经过选取、放大后经衰减器输出。

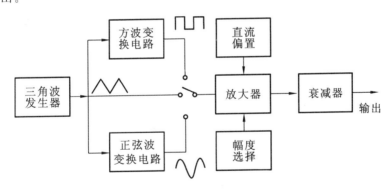

图 2-44　低频信号发生器原理图

## （三）信号发生器的使用方法及注意事项

**1. 信号发生器的使用方法**

（1）将函数信号发生器接入交流 220 V,50 Hz 电源,按下电源开关,指示灯亮。

（2）按下所需波形的选择功能开关。

（3）在需要输出脉冲波时,拉出占空比调节开关,调节占空比可获得稳定清晰的波形,此时频率为原来的 1/10;正弦波和三角波状态下按入占空比开关旋钮。

（4）当需要小信号输出时,按入衰减器。

（5）调节幅度旋钮至需要的输出幅度。

（6）当需要直流电平时拉出直流偏移调节旋钮，调节直流电平偏移至需要设置的电平值，其他状态下按入直流偏移调节旋钮，直流电平将为零。

**2. 信号发生器的使用注意事项**

（1）仪器须预热 10 min 后方可使用。

（2）把仪器接入电源之前，应检查电源电压值和频率是否符合仪器要求。

（3）不得将大于 10 V（DC 或 AC）的电压加至输出端。

# 六、示波器

示波器是一种基本的、应用最广泛的时域测量仪器，是一种全息仪器。示波器能让人们观察到信号波形的全貌，能测量信号的幅度、频率、周期等基本参量，能测量脉冲信号的幅值、脉宽、周期、占空比、上升（下降）时间等参数，还能测量两个信号的时间和相位关系，这些功能是其他电子仪器难以实现的。示波器是其他图式仪器的基础。

## （一）示波器的分类

常用的示波器从技术原理上可分为以下两种：

（1）模拟式通用示波器（采用单束示波管实现显示，当前最通用的示波器）。

（2）数字式数字存储示波器（采用 A/D、DSP 等技术实现的数字化示波器）。

从性能上，按示波器的带宽，示波器可分以下两种：

（1）中、低档示波器，带宽在 60 MHz 以下。

（2）高档示波器，带宽在 60 MHz 以上，大多在 300 MHz 以下。更高档的示波器带宽在 2 GHz 以上。

## （二）通用示波器的组成

通用示波器主要由示波管、垂直通道和水平通道三个部分组成。此外，它还包括电源电路及校准信号发生器。图 2-45 所示为通用示波器的外形。

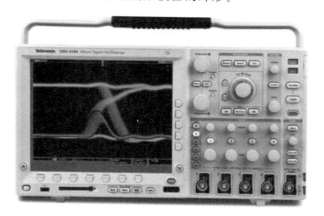

图 2-45　通用示波器的外形

示波管属于电真空器件，又称阴极射线管（CRT），是示波器的核心元件。因此，熟悉示波管的结构及工作原理，对掌握整个示波器的工作原理具有重要意义。

示波管由电子枪、荧光屏和偏转系统三大部分组成。示波管的基本结构如图 2-46 所示。

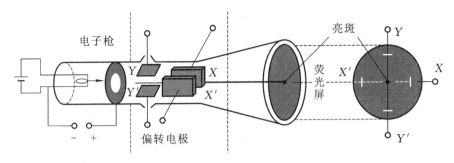

图 2-46 示波管的基本结构

电子枪的作用是发射电子束,轰击荧光屏,使荧光屏发光。电子枪由灯丝、阴极、控制栅极、第一阳极和第二阳极组成,各部分作用如下:

(1) 灯丝 F、阴极 K:电流流过灯丝后对阴极加热,阴极产生大量电子,并在后续电场作用下轰击荧光屏,使荧光屏发光。

(2) 控制栅极 G:呈圆筒状,包围着阴极,只在面向荧光屏的方向开一个小孔,使电子束从小孔中穿过。通过调节 G 对 K 的负电位,可调节光点的亮度,即进行"辉度"控制。

(3) 第一阳极 $A_1$、第二阳极 $A_2$:$A_1$ 和 $A_2$ 对电子束进行聚焦并加速,使到达荧光屏的电子形成很细的一束并具有很高的速度。调节 $A_1$ 的电位,即可调节 G 与 $A_1$ 和 $A_1$ 与 $A_2$ 之间的电位。调节 $A_1$ 电位的旋钮称为"聚焦"旋钮;调节 $A_2$ 电位的旋钮称为"辅助聚焦"旋钮。

荧光屏的作用是显示被测波形。荧光屏位于示波管的前端,在示波管正面内壁涂上一层荧光物质,荧光物质将高速电子的轰击动能转变为光能,产生亮点。面向电子枪的一侧还常覆盖一层极薄的透明铝膜,高速电子可以穿透这层铝膜轰击屏上的荧光物质而发光,透明铝膜可保护荧光屏,且消除反光,使显示图形更清晰。

偏转系统的作用是使电子束有规律地移动,从而在荧光屏上显示出被测的波形。根据偏转原理不同,示波管中的偏转系统又可分为静电偏转和电磁偏转两种。常见的静电偏转系统包括垂直(Y)偏转板和水平(X)偏转板,靠近电子枪上下放置的一对偏转板称为 Y 偏转板,离电子枪较远且水平放置的一对偏转板称为 X 偏转板。

## (三)双踪示波器的面板介绍

能在同一屏幕上同时显示两个被测波形的示波器称为双踪示波器,外形如图 2-47 所示。要在同一个示波器的屏幕上同时显示两个被测波形,通常是用电子开关控制两个被测信号,不断交替地送入普通示波管中进行轮流显示。只要轮换的速度足够快,由于示波管的余晖效应和人眼的视觉暂留作用,屏幕上就会同时显示出两个波形的图像。

双踪示波器的型号很多,但使用方法大同小异。下面列出面板上的一些旋钮(或按钮)中英文名称及作用,这些都有通用性,分为四部分。

**1. 电源部分**

(1) 电部开关(POWER)。

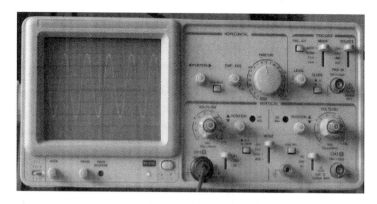

图 2-47　双踪示波器的外形

（2）辉度（INTENSITY）。

（3）聚焦（FOCUS）。

（4）校正信号（CAL），1 kHz 非过零方波，0.5 $V_P$（或 0.3 $V_P$）。

**2. 垂直通道**

（1）$CH_1$（X），$CH_2$（Y），输入（INPUT）。

（2）AC/GND/DC。AC/信号经过电容耦合至放大器输入，GND/放大器输入端接地，DC/信号直接耦合至放大器输入。

（3）伏/格（VOLTS/DIV）：衰减器开关，按 1-2-5 进制，示波管垂直方向分为 8 格。

（4）移位（POSITION）。

（5）垂直工作方式（VERTICAL MODE）。$CH_1$ 屏幕上仅显示 $CH_1$ 的信号，$CH_2$ 屏幕上仅显示 $CH_2$ 的信号。DUAL（ALT，CHOP）（ALT 为"交替"，用于较高频率；CHOP 为"断续"，用于较低频率），屏幕上显示 $CH_1$、$CH_2$ 两路信号。叠加（ADD）显示 $CH_1$ 和 $CH_2$ 信号的代数和。

**3. 水平通道**

（1）扫描时间选择开关（TIME/DIV）：按 1-2-5 进制，示波器水平方向分为 10 格。

（2）X-Y。

（3）$CH_1$ 信号作为 X 轴，$CH_2$ 信号作为 Y 轴。

**4. 触发系统（TRIGGER）**

（1）触发源选择（SOURCE）：输入信号触发（INT），电源信号触发（LINE），外部信号出触发（EXT）。

（2）输入信号触发（INT TRIG）。$CH_1$ 由 $CH_1$ 输入信号触发，$CH_2$ 由 $CH_2$ 输入信号触发，交替触发（VERT MODE）用于稳定显示两个不同频率的信号，故不能用于测信号的相位差。

（3）触发方式选择（TRIGE MODE）：自动扫描（AUTO），无信号输入时有扫描基线；常态扫描（NORM），有触发信号才有扫描基线。当输入信号低于 50 Hz 时，用"常态"触发扫描。

### （四）双踪示波器的使用

**1. 直流电压测量**

（1）将触发方式置自动（AUTO），使屏幕上出现扫描基线，$Y$ 轴微调置校正（CAL）。

（2）$CH_1$ 或 $CH_2$ 的输入接地（GND），此时的基线即为 0 V 基准线。

（3）加入被测信号，输入置 DC，观察扫描基线在垂直方向平移的格数，与 VOLTS/DIV 齐关指示的值相乘，即为信号的直流电压。例如，VOLTS/DIV 置 0.5 V/DIV，读得扫描线上移为 3.4 格，则被测电压 $U_{p-p}=0.5$ V/DIV$\times$3.4 DIV$=1.7$ V（若采用 10∶1 的探头，则为 17 V）。

**2. 交流电压测量**

（1）将输入置 AC（或 DC）。

（2）利用垂直移位旋钮，将波形移至屏幕中心位置，按波形所占垂直方向的格数，即可测出电压波形的峰-峰值。例如，VOLTS/DIV 置 0.2 V/DIV，被测波形占 5.2 格，则被测电压 $U_{p-p}=0.2$ V/DIV$\times$5.2 DIV$=1.04$ V（置 DC 时，将被测信号中的直流分量也考虑在内；置 AC 时，直流分量无法测出）。

**3. 时间测量**

扫描开关的微调置于校正位置（CAL）。

（1）测间隔时间（周期）。例如，TIME/DIV 置于 0.2 ms/DIV，间隔在水平方向占 6 格，则间隔时间 $T=0.2$ ms/DIV$\times$6 DIV$=1.2$ ms。

（2）测量脉冲前（后）沿时间。脉冲的前沿（或后沿）时间是指脉冲由幅度的 10% 上升到 90%（或由 90% 下降到 10%）的时间。测量时可调节扫速开关，将波形的前沿（或后沿）适当展宽，以便精确读数。

（3）测脉冲宽度。调节 VOLTS/DIV，TIME/DIV 开，使脉冲在垂直方向占 2～4 格，在水平方向占 4～6 格，此时脉冲前沿及后沿中心点之间的距离为脉冲宽度时间 $t_u$。

（4）测量频率。测量周期性信号的频率有两种方法。一种是测一个周期的时间。例如，波形周期为 8 格，扫描开关置于 1 $\mu s$，则 $T=(1\times8)$ $\mu s=8$ $\mu s$，$f=1/T=125$ kHz。另一种是使被测信号在屏幕上显示较多周期。采用这种方法可以减小测量误差，精度可接近扫描速度时间的精度（$\pm2\%$），此时按 $X$ 轴方向 10 格内占有多少个周期的方法来计算，公式为

$$f=\frac{N}{10\times\text{TIME/DIV}}$$

式中：$f$ 为被测信号的频率，Hz；$N$ 为 10 格内占有的周期数；TIME/DIV 为面板上扫描开关指示的数值。

## 七、晶体管特性图示仪

晶体管特性图示仪是一种能够直接在示波管上显示各种晶体管特性曲线的专用测试仪器，通过屏幕上的标度尺可直接读出晶体管的各项参数。通过多种转换开关的转换，可以测量 PNP 型和 NPN 型晶体管的输入特性、输出特性和电流放大特性；各种反向饱和电流，各

种击穿电压;各类二极管的正反向特性;场效应管的漏极特性、转移特性、夹断电压和跨导等参数。尤其是在晶体管的各种极限参数和击穿特性的观测上,由于测试时采用瞬时电压和瞬时电流,能使被测晶体管只承受瞬时过载而不致造成损坏,对晶体管的测试和晶体管的合理应用都能带来极大的方便。另外,该仪器上备有两个插座,可同时接入两只晶体管,通过开关的转换,能迅速比较两只晶体管的同类特性。

### (一)晶体管特性图示仪的组成和基本原理

#### 1. 晶体管特性图示仪的组成

晶体管特性图示仪是由集电极扫描电压发生器、基极阶梯信号发生器、同步脉冲发生器、$X$ 轴放大器、$Y$ 轴放大器、电源等部分组成。它的基本组成原理框图如图 2-48 所示。

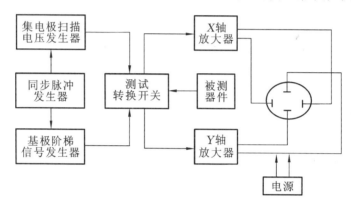

**图 2-48　晶体管特性图示仪的基本组成原理框图**

（1）集电极扫描电压发生器。集电极扫描电压发生器的作用是产生图 2-49(a)所示的集电极扫描电压,它是正弦半波波形,幅值可以调节,用于形成水平扫描线。

对集电极扫描电压发生器的要求是:第一,扫描电压能够从小到大,再从大回到小地重复连续变化;第二,扫描的重复频率要足够快,以免显示出来的曲线闪烁不定;第三,扫描电压的最大值要能根据被测晶体管的要求在几百伏范围内进行调节。

（2）基极阶梯信号发生器。基极阶梯信号发生器的作用是产生图 2-49(b)所示的基极阶梯电流信号,阶梯的高度可以调节,用于形成多条曲线簇。

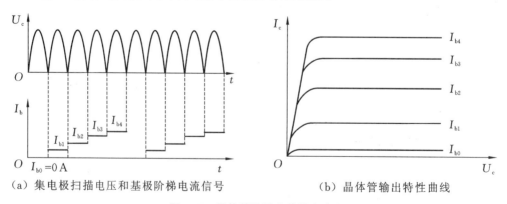

（a）集电极扫描电压和基极阶梯电流信号　　　　（b）晶体管输出特性曲线

**图 2-49　晶体管特性曲线的产生**

基极阶梯电压由基极阶梯信号发生器提供,基极阶梯信号发生器在这里作为基极电源,它所产生的电压称为基极源电压。

(3)同步脉冲发生器。同步脉冲发生器的作用是产生同步脉冲,使上述两信号达到同步。

(4) $X$ 轴放大器和 $Y$ 轴放大器。$X$ 轴放大器和 $Y$ 轴放大器的作用是把从被测器件上取出的电压信号进行放大,然后送至示波管的相应偏转板上,以形成扫描曲线。

(5)示波管及控制电路。示波管及控制电路与通用示波器的示波管及控制电路基本相同。

(6)电源。电源用于为仪器提供各种工作电源,包括低压电源和示波管所需的高压电源。

实际使用时,根据需要显示的特性曲线,将集电极扫描电压和阶梯信号电压分别加在示波管的 $X$ 偏转板和 $Y$ 偏转板上,就能显示所需的特性曲线。例如,要显示共发射极晶体管的输出特性曲线时,应在 $X$ 偏转板上加集电极扫描电压,$Y$ 偏转板上加与集电极电流成正比的电压(该电压由集电极电流通过取样电阻获得)。同时,在基极上加相应的阶梯电流。由于阶梯电流跳变的时间和集电极扫描电压的周期是一一对应的[见图 2-49(a)],所以在屏幕上就会自动显示出图 2-49(b)所示的输出特性曲线簇。从图中可以看出,在每个集电极电压的扫描周期内,电子束在屏幕上完成正程和逆程各一次。由于扫描电压的上升和下降是对称的,因此正程和逆程重合。特性曲线簇的各条曲线不是同时出现的,但是由于荧光屏的余晖作用和人眼视觉残留效应,只要扫描频率足够高,就会使各条曲线同时存在。改变阶梯信号的级数,可以显示不同条数的输出特性曲线簇。

**2. 晶体管特性图示仪的基本原理**

为了解晶体管特性图示仪的原理,首先介绍点测法测试晶体管输出特性曲线的测量电路,小功率 NPN 型晶体管的共发射极输出特性曲线和基本测试电路如图 2-50 所示。

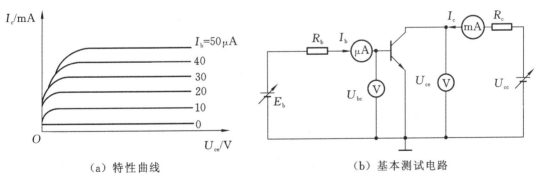

（a）特性曲线 　　　　　　　（b）基本测试电路

**图 2-50　小功率 NPN 型晶体管的共发射极输出特性曲线和基本测试电路**

测试时,首先调节 $E_b$,使基极电流为 $I_{b1}$,逐点改变 $U_{cc}$,可测得一组 $U_{ce}$ 和 $I_c$ 值;再调节 $E_b$,使基极电流为 $I_{b2}$,同样改变 $U_{cc}$,可测得另一组 $U_{ce}$ 和 $I_c$ 值。重复上述过程,可测得多组 $U_{ce}$ 和 $I_c$ 值,把这些值在直角坐标纸上描点作图,绘出图 2-49(a)所示的输出特性曲线。

为了使示波管的荧光屏快速描绘出输出特性曲线,必须使 $I_b$ 和 $U_{ce}$ 能够自动变化。为此,用集电极扫描电压来代替直流电源 $U_{cc}$,用基极阶梯电压代替直流电源 $E_b$。按照前述的对集电极扫描电压的要求,集电极扫描电压通过直接利用电网电压经全波整流后取得,波形如图 2-49(a)所示。

### (二) XJ4810 型晶体管特性图示仪简介

XJ4810 型晶体管(半导体管)特性图示仪的测量电路采用了晶体管和集成电路器件,除具有一般的图示功能外,还具有双簇曲线同时显示的功能,使用十分方便。XJ4810 型晶体管特性图示仪主要由集电极电源、阶梯信号发生器、$X$ 轴和 $Y$ 轴放大器、二簇电子开关、高低压电源等几部分组成。

XJ4810 型晶体管特性图示仪的面板布置如图 2-51 所示,各开关旋钮按作用功能可分为七大部分,分别介绍如下。

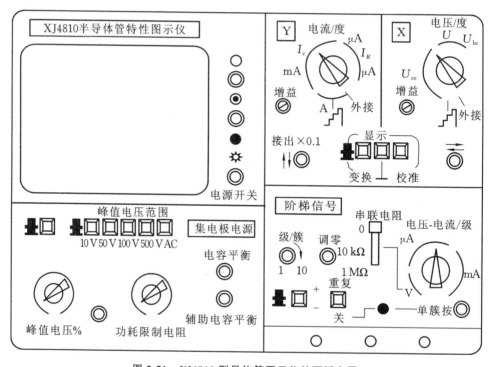

**图 2-51 XJ4810 型晶体管图示仪的面板布置**

**1. 示波管及控制部分**

(1) 辉度调节旋钮:用于调节曲线的亮度。

(2) 聚焦调节旋钮:用于调节曲线的清晰度。

(3) 辅助聚焦旋钮:用于聚焦的辅助调节。

**2. $X$ 轴作用**

(1) $X$ 轴选择开关:是一个具有 17 挡、4 种作用的旋转开关,用于选择不同的水平偏转灵敏度,它包括如下几个部分:

① 集电极电压:0.05~50 V/DIV 分为 10 挡,通过改变分压电阻,变换 $X$ 轴放大器的输出电压,来达到按不同灵敏度偏转的目的。

② 基极电压:0.05~1 V/DIV 分为 5 挡,通过改变分压电阻,变换 $X$ 轴放大器的输出电

压,来达到按不同灵敏度偏转的目的。

③ 基极电流或基极源电压:由阶梯取样电阻分压,经放大器取得基极电流偏转值,只有一挡。

④ 外接:是为了扩展测试范围而设置的。外接信号由仪器右侧插孔输入,送至 $X$ 轴放大器放大,只有一挡。

(2)$X$ 轴增益:用于连续调节水平幅值。

(3)$X$ 轴位移:用于图形水平方向移动的调节。

### 3. $Y$ 轴作用

(1)$Y$ 轴选择开关:是一个具有 22 挡、4 种作用的旋转开关,用于选择不同的垂直偏转灵敏度。它包括:

① 集电极电流:$10\ \mu A/DIV \sim 0.5\ A/DIV$ 分为 15 挡,通过选择不同阻值的取样电阻,将电流转换成电压后,经 $Y$ 轴放大器放大而取得电流的偏转值。

② 二极管反向漏电流:$0.2 \sim 5\ \mu A/DIV$ 分为 5 挡,通过二极管漏电流取样电阻的作用,将电流转换为电压后,经 $Y$ 轴放大器放大而取得电流的偏转值。

③ 基极电流或基极源电压:由阶梯取样电阻分压,经放大而取得基极电流偏转值,只有一挡。

④ 外接:是为了扩展测试范围而设置的。外接信号由仪器右侧插孔输入,送至 $Y$ 轴放大器放大,只有一挡。

(2)$Y$ 轴增益:用于连续调节垂直幅值。

(3)$Y$ 轴位移:用于图形垂直方向移动的调节。

### 4. 显示部分

显示开关是一个 3 挡按键开关,用于显示选择。

(1)转换:使图像在Ⅰ、Ⅲ象限内相互转换,以便由 NPN 管转测 PNP 管时简化操作。

(2)接地:使放大器输入接地,以显示输入为零的基准点。

(3)校准:对 $X$、$Y$ 轴放大器进行校准。

### 5. 集电极电源

(1)峰值电压范围:共分为 $0 \sim 10\ V(5\ A)$、$0 \sim 50\ V(1\ A)$、$0 \sim 100\ V(0.5\ A)$ 和 $0 \sim 500\ V$ $(0.1\ A)$ 4 挡,用于选择测试所需的集电极最高电压值。

(2)电压极性:用于改变集电极扫描电压的极性,极性的选择取决于被测器件。当测量共发射极特性曲线时,NPN 型用"+"极性,PNP 型用"−"极性。

(3)峰值电压调节旋钮:可以在 $0 \sim 10\ V$、$0 \sim 50\ V$、$0 \sim 100\ V$ 或 $0 \sim 500\ V$ 内连续可变,用于在可选择的电压范围内连续调节集电极电压。

(4)功耗限制电阻:串联在被测晶体管的集电极回路中,作用是限制集电极功耗,保护被测晶体管,也可作为集电极负载电阻。

(5)电容平衡调节:由于集电极电流输出端对地有各种杂散电容存在,会形成电容性电流,造成测量误差,测试前应调节电容平衡,使电容性电流减至最小。

(6)辅助电容平衡:专门针对集电极变压器二次绕组对地电容的不对称而再次进行电容平衡调节。

(7) 电源熔丝：为 220 V 交流输入的熔丝，容量为 1 A。

### 6. 阶梯信号

(1) 阶梯信号选择开关：是一个具有 22 挡、2 种作用的开关。基极电流 0.2 μA～50 mA 共 17 挡，通过选择不同阻值的电阻，使基极电流按所在挡级内的电流值输出，送到被测晶体管。基极源电压 0.05～1 V/级共 5 挡，用于选择基极阶梯信号的阶梯大小。

(2) 极性开关：用于改变基极阶梯信号的极性，极性的选择取决于被测元件：发射极接地时，NPN 型用"＋"极性，PNP 型用"－"极性；基极接地时，NPN 型用"－"极性，PNP 型用"＋"极性。

(3) 级/簇调节：用于调节阶梯信号的级数，在 0～10 范围内可调。

(4) 阶梯调零：用于调节阶梯信号的零位，测试前应先进行零位校准。

(5) 重复开关：在需要观察被测晶体管特性曲线簇时，此开关应置于"重复"位置。置于"关"的位置时，阶梯信号处于待触发状态。

(6) 单簇按钮：将单簇按钮按下一次，只输出一级阶梯信号，相应地，也只显示一条曲线，这便于瞬时测量被测晶体管各项极限参数，避免损坏被测晶体管。使用单簇按钮时，应预先调好电压（电流）/级，使用时出现一次阶梯信号后，电路即回到待触发位置。

(7) 串联电阻：用于调节基极串联电阻，当阶梯信号选择开关置于电压/级的位置时，串联电阻将串联在被测晶体管的输入回路中。串联电阻的作用是将基极输入电压变化转变为电流变化。

### 7. 测试台

XJ4810 型晶体管特性图示仪的测试台如图 2-52 所示。

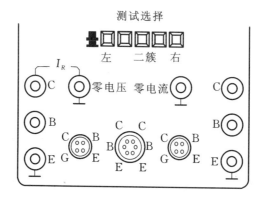

**图 2-52 XJ4810 型晶体管特性图示仪的测试台**

(1) 测试选择开关：是一个 5 挡按键开关，用于器件测试选择。
① "左"或"右"分别按下时，为左、右两个被测晶体管单独观测。
② "二簇"按下时，可以同时观测左、右两个被测晶体管。
③ "零电压"按下时，可进行阶梯信号的零位校准。
④ "零电流"按下时，使被测晶体管的基极处于开路状态，可进行 $I_{CEO}$ 的测量。
(2) 器件插座：测试时用来插入被测器件，适用于测试中小功率晶体管。
(3) 测试接线柱：可配合外接插座使用，内部接线较粗，适用于测试大功率晶体管。

### (三)晶体管特性图示仪的使用

XJ4810 型晶体管特性图示仪的实物图如图 2-53 所示。

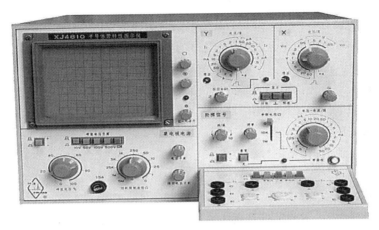

图 2-53　XJ4810 型晶体管特性图示仪的实物图

**1. 使用前的调整**

晶体管特性图示仪面板上的开关、旋钮较多,且相互联系紧密,使用起来比较复杂。因此,测试前必须认真阅读使用说明书,了解其基本测试原理,熟悉测试方法,同时还应知道被测晶体管的性能规格和测试条件,这样才能进行正确测试。

(1)开启电源开关。指示灯亮,预热 5 min。

(2)调节辉度、聚焦、辅助聚焦旋钮,使屏幕上显示清晰的光点或线条。

(3)根据被测晶体管的特性和测试条件的要求,把 X 轴作用、Y 轴作用、阶梯信号各部分开关、旋钮都调到相应的位置上。

(4)进行阶梯信号调零。这样做的目的是使阶梯信号的起始级为零电位,以保证测量准确度。调零方法如下:荧光屏上出现阶梯信号后,按下测试台上的"零电压"按钮,观察光点停留在荧光屏上的位置,复位后调节"阶梯调零"旋钮,使阶梯信号的起始级光点仍在该处,此时阶梯信号的零位即被校准。

**2. 晶体管特性图示仪的使用注意事项**

(1)使用"阶梯信号选择""功耗限制电阻""峰值电压范围"3 个开关旋钮时应特别注意,若使用不当会造成被测晶体管的损坏。

(2)测试晶体管的极限参数、过载参数时,应采用单簇阶梯信号,以防过载而损坏被测晶体管。

(3)测试 MOS 型场效应晶体管时,应特别注意不要使其栅极悬空,以免感应电压过高而引起晶体管击穿。

(4)晶体管特性图示仪使用完毕,应随即关断电源,并使仪器各开关旋钮复位,以防下次使用时因疏忽而损坏被测器件。此时应将"峰值电压范围"开关置于 0~10 V 挡,"峰值电压调节"旋钮旋到零位,"阶梯信号选择"开关置于"关"挡,"功耗限制电阻"置于 10 kΩ 以上位置。

**思考与练习**

**一、填空题**

1. 常见的万用表有_____万用表和_____万用表两种。

2. 万用表在测量电压与电流时,红表笔作为电表的_____极;在测量电阻时,红表笔作为电表的_____极。

3. 当用万用表测量无法估测大小的电流时,应选用电流表的_____挡。

4. 万用表在测电压时要与被测电路_____联,在测电流时与被测电路_____联。

5. 钳形电流表的最大优点是_____。

6. 使用钳形电流表时,被测导线应放在_____。

7. 直流单臂电桥又称_____电桥,是一种专门用来测量_____的精密测量仪器。

8. 一般的兆欧表主要由_____、_____和_____组成。

9. 使用兆欧表时,手柄的标准转速为_____r/min,最低不应低于该值的80%。

10. 信号发生器按输出频率分为超低频信号发生器、_____、_____、_____和超高频信号发生器。

11. 按信号显示数分类,可将示波器分为_____、_____和_____三种。

12. 晶体管特性图示仪主要由_____、_____、_____、_____、_____等几部分组成。

**二、简答题**

1. 如何用万用表测量晶体管的电流放大倍数?

2. 简述使用钳形电流表测量电流时的注意事项。

3. 直流单臂电桥的平衡条件是什么?电桥平衡时有哪些特点?

4. 选用兆欧表时,为什么要求兆欧表的额定电压与被测电气设备的工作电压相适应?

5. 低频信号发生器为什么要采用RC文氏电桥振荡器?其基本组成是什么?

6. 使用双踪示波器前应做哪些准备工作?

7. 如何用双踪示波器测量两个同频交流电的相位差?

8. 简述晶体管特性图示仪的使用方法。

# 项目三
## 常用电子元器件的认识及检测

电子元器件是组成电路的基本要素,正确地选择和使用电子元器件是保证电路良好运行的重要条件。本项目主要介绍电阻器、电容器、电感器、变压器、半导体器件及集成电路等常用电子元器件的结构特点、性能参数及检测方法,使读者能够科学地选用电子元器件。

本项目介绍了常用电子元器件的种类、结构、性能及识别和检测方法。通过本项目的学习,学生应掌握电阻器的种类、符号、标志和检测方法;电容器的种类、符号、标志和测量方法;电感器的种类、符号、标志和检测方法;二极管、晶体管的种类、符号、特点;集成电路的种类、命名和检测方法。掌握电子元器件的识别和检测方法是衡量学生掌握电子技术基本技能的一个重要项目,也是学生参加工作所必须掌握的技能。

◀ **学习目标**

了解电工电子常用的元器件种类、符号。

了解常用电子元器件的特点。

学会正确选用电子元器件。

学会检测电子元器件。

# ◀ 任务一　电阻器认识 ▶

各种材料的物体对通过它的电流都会呈现一定的阻力,通常将这种阻碍电流流通的作用称为电阻。把具有一定的阻值、几何形状和技术性能,在电路中起电阻作用的电子元件称为电阻器,即通常所称的电阻。它由电阻的主体及其引线构成,用 $R$ 表示,基本单位是欧姆,简称欧,符号是 $\Omega$。$1\ \Omega = 1\ \mathrm{V/A}$。比较大的单位有千欧($\mathrm{k}\Omega$)、兆欧($\mathrm{M}\Omega$)(1 兆 = 100 万)。

电阻器是耗能元件,它吸收电能并将电能转换成其他形式的能量,主要用于调节和稳定电流与电压,可用作分流器和分压器,也可用作电路匹配负载。根据电路要求,电阻器还能用作放大电路的负反馈或正反馈、电压-电流转换、输入过载时的电压或电流保护元件,还可以组成 $RC$ 电路作为振荡、滤波、旁路、微分、积分和时间常数元件等。

## 一、电阻器的外形及图形符号

常用电阻器的外形如图 3-1 所示。

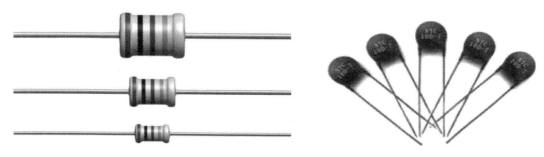

图 3-1　常用电阻器的外形

## 二、电阻器的型号命名方法

根据 GB/T 2470—1995 的规定,电阻器的型号由四部分组成(不适用敏感电阻,敏感器件及传感器型号命名方法查询 SJ/T 11167—1998)。

第一部分:主称,用字母表示,表示产品的名字,如 R 表示电阻器。

第二部分:材料,用字母表示,表示产品的主要材料,如用 T 表示碳膜,H 表示合成膜。

第三部分:特征,一般用数字或字母表示,表示产品的主要特征,也有电阻器用该部分的数字表示额定功率。

第四部分:序号,用数字表示,表示同类产品中不同品种,以区分产品的外形尺寸和性能指标等。

电阻器型号的命名方式及含义见表 3-1。

表 3-1 电阻器型号的命名方式及含义

| 第一部分 | | 第二部分 | | 第三部分 | | 第四部分 |
|---|---|---|---|---|---|---|
| 用字母表示主称 | | 用字母表示材料 | | 用数字或字母表示特征 | | 用数字表示序号 |
| 符号 | 意义 | 符号 | 意义 | 符号 | 意义 | 意义 |
| R | 电阻器 | T | 碳膜 | 1 | 普通 | |
| W | 电位器 | H | 合成膜 | 2 | 普通 | |
| M | 敏感电阻器 | S | 有机实心 | 3 | 超高频 | 包括额定功率、阻值允许误差和精度等级 |
| | | N | 无机实心 | 4 | 高阻 | |
| | | J | 金属膜(箔) | 5 | 高温 | |
| | | Y | 氧化膜 | 6 | | |
| | | I | 玻璃釉膜 | 7 | 精密 | |
| | | X | 线绕 | 8 | 高压 | |
| | | | | 9 | 特殊 | |
| | | | | G | 功率型 | |

## 三、电阻器的正确选用

电阻器类型的选取应根据不同的用途及场合来进行。一般的家用电器和普通的电子设备可选用通用型电阻器。我国生产的通用型电阻器种类很多,其中包括通用型(碳膜)电阻器、金属膜电阻器、金属氧化膜电阻器、金属玻璃釉膜电阻器、线绕电阻器、有机实心电阻器及无机实心电阻器等。通用型电阻器不仅种类多,而且规格齐全、阻值范围宽、成本低、价格便宜、货源充足。军用电子设备及特殊场合使用的电阻器应选用精密型电阻器和其他特殊电阻器,以保证电路的性能指标及工作的稳定性。

电阻器类型的选取应注意以下几个方面:

(1) 在高增益放大电路中,应选用噪声电动势小的电阻器,如金属膜电阻器、碳膜电阻器和线绕电阻器。

(2) 针对电路的工作频率选用不同类型的电阻器。线绕电阻器的分布参数较大,即使采用无感绕制的线绕电阻器,其分布参数也比非线绕电阻器大得多,因而线绕电阻器不适合在高频电路中工作。在低于 50 kHz 的电路中,由于电阻器的分布参数对电路工作影响不大,可选用线绕电阻器。在高频电路中的电阻器,分布参数越小越好。所以,在高达数百兆赫兹的高频电路中应选用碳膜电阻器、金属膜电阻器和金属氧化膜电阻器。在超高频电路中,应选用超高频碳膜电阻器。

(3) 金属膜电阻器稳定性好,额定工作温度高(+70 ℃),高频特性好,噪声电动势小,在高频电路中应优先选用。电阻值大于 1 MΩ 的碳膜电阻器由于稳定性差,应用金属膜电阻器替换。

(4) 薄膜电阻器不适宜在湿度高(相对湿度大于80%)、温度低(−40 ℃)的环境下工作。在这种环境条件下工作的电路,应选用实心电阻器或玻璃釉膜电阻器。

（5）要求耐热性较好、过负荷能力较强的低阻值电阻器,应选用氧化膜电阻器;要求耐高压及高阻值的电阻器,应选用合成膜电阻器或玻璃釉膜电阻器;要求耗散功率大、阻值不高、工作频率不高,而精度要求较高的电阻器,应选用线绕电阻器。

（6）同一类型的电阻器,在电阻值相同时,功率越大,高频特性越差。

（7）应针对电路稳定性的要求,选用不同温度特性的电阻器。电阻器的温度系数越大,它的阻值随温度变化越显著;温度系数越小,它的阻值随温度变化越小。但有的电路对电阻器的阻值变化要求不严格,阻值变化对电路没有什么影响。例如,在去耦电路中,即使所选用电阻器的阻值随温度有较大的变化,对电路工作影响也并不大。但有的电路对电阻器温度稳定性要求较高,要求电路中工作的电阻器阻值变化要很小才行。例如,在直流放大器的电路中,为了减小放大器的零漂移,就要选用温度系数小的电阻器。

实心电阻器的温度系数较大,不适合选用在稳定性要求较高的电路中。碳膜电阻器、金属膜电阻器、金属氧化膜电阻器及玻璃釉膜电阻器等的温度系数较小,很适合选用在稳定性要求较高的电路中。有的线绕电阻器的温度系数很小,可达 $1 \times 10^{-6} \, \text{℃}^{-1}$,线绕电阻器的阻值最为稳定。

（8）由于制作电阻器的材料和工艺方法不同,相同电阻值和功率的电阻器体积可能不一样。金属膜电阻器的体积较小,适用于电子元器件需要紧凑安装的场合。当电路中电子元器件安装位置较宽松时,可选用体积较大的碳膜电阻器,这样较为经济。

（9）有时电路工作的场合不仅温度和湿度较高,而且有酸碱腐蚀的影响。此时应选用耐高温、抗潮湿性好、耐酸碱性强的金属氧化膜电阻器和金属玻璃釉膜电阻器。

## 四、电阻器的检测方法

（1）固定电阻器的检测。固定电阻器的检测步骤如下:

① 外观检查。看电阻器有无烧焦、电阻器引脚有无脱落及松动的现象,从外表排除电阻器的断电情况。

② 断电。若电阻器在路(电阻器仍然焊在电路中),一定要将电路中的电源断开,严禁带电检测,否则不但测量不准,而且易损坏万用表。

③ 选择合适的量程。根据电阻器的标称值来选择万用表电阻挡的量程,使万用表指针落在万用表刻度盘中间(略偏右)的位置为佳,此时读数误差最小。

④ 在路检测。若测量值远远大于标称值,则可判断该电阻器出现断路或严重老化现象,即电阻器已损坏。

⑤ 断路检测。在路检测时,若测量值小于标称值,则应将电阻器从电路中断开检测。此时,若测量值基本等于标称值,该电阻器正常;若测量值接近于零,该电阻器短路;测量值远小于标称值,该电阻器已损坏;测量值远大于标称值,该电阻器老化;测量值趋于无穷大,该电阻器已断路。

注意,测量时,应避免手指同时接触被测电阻器的两根引脚,以免人体电阻器与被测电阻器并联而影响测量的准确性。

（2）线绕电阻器的检测。检测线绕电阻器的方法及注意事项与检测普通固定电阻器完全相同。

（3）熔断电阻器的检测。在电路中,熔断电阻器熔断开路后,可根据经验做出判断:若发现熔断电阻器表面发黑或烧焦,可断定其负荷过重,通过它的电流超过额定值很多倍;若熔断电阻器表面无任何痕迹而开路,则表明流过的电流刚好等于或稍大于其额定熔断值。对于表面无任何痕迹的熔断电阻器好坏的判断,可借助万用表 $R \times 1$ 挡来测量,为保证测量准确,应将熔断电阻器一端从电路上焊下;若测得的阻值为无穷大,则说明此熔断电阻器已失效开路,若测得的阻值与标称值相差甚远,表明电阻变值,也不宜再使用。在维修实践中发现,也有少数熔断电阻器在电路中被击穿短路的现象,检测时也应予以注意。

（4）电位器的检测。检查电位器时,首先要转动旋柄,看看旋柄转动是否平滑,开关是否灵活,开关通、断时"咔嗒"声是否清脆,并听一听电位器内部接触点和电阻体摩擦的声音,如有"沙沙"声,说明质量不好。用万用表测试时,先根据被测电位器阻值的大小选择万用表的合适电阻挡位,然后按下述方法进行检测。

① 用万用表的欧姆挡测"1""2"两端,其读数应为电位器的标称阻值,如万用表的指针不动或阻值相差很多,则表明该电位器已损坏。

② 检测电位器的活动臂与电阻片的接触是否良好。用万用表的欧姆挡测"1""2"(或"2""3")两端,将电位器的转轴按逆时针方向旋至接近"关"的位置,这时电阻值越小越好。再顺时针慢慢旋转轴柄,电阻值应逐渐增大,表头中的指针应平稳移动。当轴柄旋至极端位置"3"时,阻值应接近电位器的标称阻值。如万用表的指针在电位器的轴柄转动过程中有跳动现象,说明活动触点有接触不良的故障。

（5）特殊电阻的性能及检测。

① 正温度系数热敏电阻(PTC)。正温度系数热敏电阻的电阻值会随着本体温度的升高呈现出阶跃性的增加,温度越高,电阻值越大。

热敏电阻的主要特点为:灵敏度较高,其电阻温度系数要比金属大 10～100 倍,能检测出 $10^{-6}$ ℃的温度变化;工作温度范围宽,常温器件适用于－55～315 ℃温度下,高温器件适用于高于 315 ℃的温度下(目前最高可达到 2 000 ℃),低温器件适用于－273～55 ℃温度下;体积小,能够测量其他温度计无法测量的空隙、腔体及生物体内血管的温度;使用方便,电阻值可在 0.1～100 kΩ 范围任意选择;易加工成复杂的形状,可大批量生产;稳定性好、过载能力强。

检测时,用万用表 $R \times 1$ 挡,具体可分常温检测和加温检测两步操作。常温检测(室内温度接近 25 ℃)方法为:将两表笔接触正温度系数热敏电阻的两引脚测出其实际阻值,并与标称阻值相对比,二者相差在±2 Ω 内即为正常。若实际阻值与标称阻值相差过大,则说明该正温度系数热敏电阻性能不良或已损坏。加温检测方法为:在常温测试正常的基础上,即可进行加温检测,将一热源(如电烙铁)靠近正温度系数热敏电阻,对其加热,同时用万用表监测其电阻值是否随温度的升高而增大,如电阻值随温度的升高而增大,说明该正温度系数热敏电阻正常,若阻值无变化,说明该正温度系数热敏电阻性能变劣,不能继续使用。注意不要使热源与正温度系数热敏电阻靠得过近或直接接触正温度系数热敏电阻,以防止将其烫坏。

② 负温度系数热敏电阻(NTC)。负温度系数热敏电阻是指具有负温度系数的热敏电阻,使用单一高纯度材料、具有接近理论密度结构的高性能陶瓷制成。因此,在实现小型化的同时,负温度系数热敏电阻还具有电阻值-温度特性波动小、对各种温度变化响应快的特

点,可进行高灵敏度、高精度的检测。

a. 测量标称电阻值 $R_t$。用万用表测量负温度系数热敏电阻的方法与测量普通固定电阻器的方法相同,即根据负温度系数热敏电阻的标称阻值选择合适的电阻挡,直接测出 $R_t$ 的实际值。但因负温度系数热敏电阻对温度很敏感,故测试时应注意:$R_t$ 是生产厂家在环境温度为 25 ℃时所测得的,所以用万用表测量 $R_t$,也应在环境温度接近 25 ℃时进行,以保证测试的可信度。测量功率不得超过规定值,以免电流热效应引起测量误差。注意,测试时,不要用手捏住热敏电阻体,以防止人体温度对测试产生影响。

b. 估测温度系数 $\alpha_t$。先在室温 $t_1$ 下测得电阻值 $R_{t_1}$,再用电烙铁为热源,靠近热敏电阻 $R_t$,测出电阻值 $R_{t_2}$,同时用温度计测出此时热敏电阻 $R_t$ 表面的平均温度 $t_2$,再进行计算。

③ 压敏电阻。压敏电阻是一种具有非线性伏安特性的电阻器件,主要用于在电路承受过压时进行电压嵌位,吸收多余的电流以保护敏感器件。压敏电阻是一种限压型保护器件。利用压敏电阻的非线性特性,当过电压出现在压敏电阻的两极间时,压敏电阻可以将电压嵌位到一个相对固定的电压值,从而实现对后级电路的保护。

压敏电阻的检测方法为:用万用表的 $R \times 1$ k 挡测量压敏电阻两引脚之间的正、反向绝缘电阻,均为无穷大,否则,说明漏电流大。若所测电阻很小,说明压敏电阻已损坏,不能使用。

④ 光敏电阻。光敏电阻是根据光电导效应制成的光电探测器件。光电导效应是指光电材料受到光辐射后,材料的电导率发生变化。它可以这样理解:材料的电导率、电阻与该材料内部电子受到的束缚力有关,束缚力越大,电子越难自由运动,电导率越小,电阻越大;电子吸收外来的一定能量的光子后,根据能量守恒原则,动能增加,材料对电子的束缚力减弱,电导率减小,电阻减小。光敏电阻的阻值会随着光照强弱的变化而变化。光照强,光敏电阻的阻值就小;光照弱,光敏电阻的阻值就大。光敏电阻在不受光照射时的阻值称为暗电阻,光敏电阻在受光照射时的阻值称为亮电阻。

光敏电阻的检测步骤为:用一张黑纸片将光敏电阻的透光窗口遮住,此时万用表的指针基本保持不动,阻值接近无穷大。此值越大,说明光敏电阻性能越好。若此值很小或接近为零,说明光敏电阻已烧穿损坏,不能继续使用。将一光源对准光敏电阻的透光窗口,此时万用表的指针应有较大幅度的摆动,阻值明显减小,此值越小说明光敏电阻性能越好。若此值很大甚至无穷大,表明光敏电阻内部开路损坏,也不能继续使用。将光敏电阻透光窗口对准入射光线,用小黑纸片在光敏电阻的遮光窗上部晃动,使其间断受光,此时万用表指针应随黑纸片的晃动而左右摆动。如果万用表指针始终停在某一位置不随黑纸片晃动而摆动,说明光敏电阻的光敏材料已经损坏。

## 🔺 任务二　电容器认识 ▶

电容器是一种储能元件,在电路中主要用于调谐、滤波、耦合、隔直、旁路、能量转换和延时等。

## 一、电容器的类别

电容器按容量是否可调可分为固定电容器、半可调电容器和可调电容器三种,按所用介质可分为金属化纸介质电容器、钽电解电容器、云母电容器、薄膜介质电容器和瓷介质电容器等。常见电容器的外形如图 3-2 所示。

固定电容器简称电容。半可调电容器又称微调电容器或补偿电容器,其特点是容量可在小范围内变化(几皮法至几十皮法,最高可达 100 pF)。可调电容器的电容量可在一定范围内连续变化,由若干片形状相同的金属片并接成一组(或几组)定片和一组(或几组)动片,动片可以通过转轴转动,以改变动片插入定片的面积,从而改变电容量,如图 3-3 所示。

图 3-2 常见电容器的外形

图 3-3 可调电容器

## 二、电容器的主要参数

电容器的主要参数有标称容量、容量误差、额定工作电压、绝缘电阻和介质损耗等。通常在选用电容器时,只需考虑标称容量、容量误差和额定工作电压三项。

### 1. 标称容量

电容器的容量是指电容器加上电压后存储电荷的能力。标称容量是指电容器上标出的名义电容量的值。电容器的容量是按国家规定的系列标注的,见表 3-2。任何电容器的标称容量都满足表中数据乘以 $10^n$($n$ 为整数)。

表 3-2 电容器的容量标注

| 电容器类别 | 标称值系列 |
| --- | --- |
| 高频纸介质电容器、云母纸介质电容器、玻璃釉介质电容器、音频(无极性)有机薄膜介质电容器 | 1.1 1.2 1.3 1.5 1.6 1.8 2.0 2.2 2.4 <br> 2.7 3.0 3.3 3.6 3.9 4.3 4.7 5.1 5.6 <br> 6.2 6.8 7.5 8.2 9.1 |
| 纸介质电容器、金属化纸介质电容器、复合介质电容器、低频(有极性)有机薄膜介质电容器 | 1.0 1.5 2.0 2.2 3.3 4.0 4.7 5.0 6.0 <br> 6.8 8.0 |
| 电解电容器 | 1.0 1.5 2.2 3.3 4.7 6.8 |

### 2. 容量误差

电容器的容量误差是指实际容量与标称容量之差除以标称容量所得的百分数。电容器的容量误差分 8 级,见表 3-3。一般电容器常用 Ⅰ、Ⅱ、Ⅲ级,电解电容器常用 Ⅳ、Ⅴ、Ⅵ级。

表 3-3　电容器的容量误差级别

| 精度等级 | 00(01) | 00(02) | Ⅰ | Ⅱ | Ⅲ | Ⅳ | Ⅴ | Ⅵ |
|---|---|---|---|---|---|---|---|---|
| 允许误差/(%) | ±1 | ±2 | ±5 | ±10 | ±20 | +20～−10 | +30～−20 | +50～−20 |

电容器的标识方法有直标法、数码法和色标法三种。

1) 直标法

直标法就是在电容器的表面直接标出其主要参数和技术指标的一种方法。采用直标法时,可以用阿拉伯数字和文字符号标出。电容器的直标内容及次序一般是:①商标;②型号;③工作温度组别;④工作电压;⑤标称电容量及允许偏差;⑥电容温度系数等。上述直标内容不一定全部标出。

例如,C841 250V 2000pF±5% 表示:C841 型精密聚苯乙烯薄膜电容器,其额定工作电压为 250 V,标称电容量为 2 000 pF,允许偏差为±5%。

2) 数码法

数码法是用三位数字来表示电容量的大小,单位为 pF。前两位为有效数字,第三位表示倍率,即乘以 $10^i$,$i$ 的取值范围为 1～9,但 9 表示 $10^{-1}$。这种表示法最为常见。

例如,102 表示 $10 \times 10^2$ pF = 1 000 pF = 1 nF,223 表示 $22 \times 10^3$ pF = 22 000 pF = 22 nF = 0.022 $\mu$F。

3) 色标法

电容器的色标法与电阻器的色环法表示类似,颜色涂于电容器的一端或从顶端向引线侧排列。色码一般只有三种颜色,前两环为有效数字,第三环为倍率,单位为 pF。

**3. 额定工作电压**

额定工作电压是电容器在规定的工作温度范围内,长期、可靠地工作所能承受的最高电压。

# 三、电容器的型号命名

根据国家标准,电容器的型号由四部分组成:第一部分用汉语拼音表示主称;第二部分用汉语拼音表示材料;第三部分用汉语拼音或阿拉伯数字表示特征;第四部分用阿拉伯数字表示参数。例如,小型金属化纸介质电容器型号命名示例如图 3-4 所示。

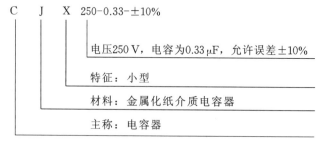

图 3-4　小型金属化纸介质电容器型号命名示例

## 四、电容器的选用和测量

电容器的种类繁多,性能指标各异,合理选用电容器对实际电路很重要。一般电路可选用瓷介质电容器;要求较高的中高频、音频电路可选用涤纶或聚苯乙烯电容器(例如,谐振回路要求介质损耗小,可选用高频瓷介质或云母电容器);电源滤波、退耦、旁路可选用铝或钽电解电容器。常用电容器的性能特点见表3-4,使用时应根据电路要求进行选择。

表 3-4 常用电容器的性能特点

| 电容器的类别 | 型号 | 性能特点 |
|---|---|---|
| 铝电解电容器 | CD 型 | 有极性之分,容量大,耐压高,容量误差大且随频率而变动,绝缘电阻低,漏电流大 |
| 钽电解电容器 | CA 型 | 有极性之分,体积小,容量大,耐压高,性能稳定,寿命长,绝缘电阻大,温度特性好,但成本高,用在要求较高的设备中 |
| 铌电解电容器 | CN 型 | |
| 云母电容器 | CY 型 | 高频性能稳定,介质损耗小,绝缘电阻大,温度系数小,耐压高(几百伏至几千伏),但容量小(几十皮法至几万皮法) |
| 瓷介质电容器 | CC 型 | 体积小,损耗小,绝缘电阻大,温度系小,可工作在超高频范围,但耐压较低(一般为 $60\sim70$ V),容量较小(一般为 $1\sim1\,000$ pF)。为提高容量,采用铁电陶瓷和独石为介质,其容量分别可达 $680$ pF$\sim0.047\mu$F 和零微法至几微法,但其温度系数大、损耗大、容量误差大 |
| 纸介质电容器 | CZ 型 | 体积小,容量可以做得较大,结构简单,价格低廉,但介质损耗大、稳定性不高,主要用于低频电路的旁路和隔直电容,其容量一般为 $100$ pF$\sim10$ $\mu$F |
| 金属化纸介质电容器 | CJ 型 | 性能与纸介质电容器相仿,但它有一个最大的特点,即被高电压击穿后有自愈作用,即电压恢复正常后仍能工作 |
| (苯)有机薄膜电容器 | CB 型 | 与纸介质电容器相比,优点是体积小、耐压高、损耗小、绝缘电阻大、稳定性好,但温度系数大 |
| (涤)有机薄膜电容器 | CL 型 | |

电容器装接前应进行测量,看其是否短路、断路或漏电严重,利用万用表的欧姆挡可以进行简单的测量,具体方法是:容量大于 $100$ $\mu$F 的电容器用"$R\times100$"挡测量,容量在 $1\sim100$ $\mu$F 以内的电容器用"$R\times1$ k"挡测量,容量更小的电容器用"$R\times10$ k"挡测量。

对于极性电容器,将黑表笔接电容器的正极,红表笔接电容器的负极,若表针摆动大且返回慢,返回位置接近$\infty$,说明该电容器正常,且容量大;若表针摆动大,但返回时表针显示的电阻值较小,说明该电容器漏电流较大;若表针摆动很大,接近 $0$ $\Omega$,且不返回,说明该电容器已被击穿;若表针不摆动,则说明该电容器已开路。对于非极性电容器,两表笔接法随意。另外,如果需要对电容器再一次测量,必须将其放电后方能进行。

## ◀ 任务三　电感器和变压器认识 ▶

电感器俗称电感或电感线圈,是一种利用自感作用进行能量传输的元件。

与电容器一样,电感器也是一种储能元件,是储存磁场能量的元件,广泛应用于调谐、振荡、耦合、滤波、陷波、延迟、补偿等电子线路中。

电感器用"$L$"表示,基本单位是亨利(H),常用单位还有 mH、μH 等。

变压器也是一种利用电磁感应原理来传输能量的元件,实质上是电感器的一种特殊形式。变压器具有变压、变流、变阻抗、耦合、匹配等作用。

### 一、电感器和变压器的图形符号

各种电感线圈都具有不同的特点和用途,但它们都是用漆包线、纱包线、镀银铜线、裸铜线,并绕在绝缘骨架、铁芯或磁芯上构成的,而且每圈与每圈之间要彼此绝缘。常用电感器和变压器的图形符号如图 3-5 所示。

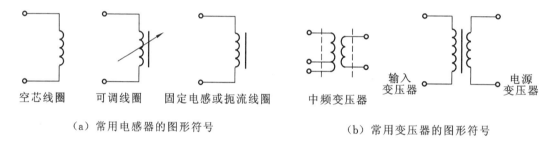

| 空芯线圈 | 可调线圈 | 固定电感或扼流线圈 | 中频变压器 | 输入变压器 | 电源变压器 |

（a）常用电感器的图形符号　　　　　　　（b）常用变压器的图形符号

**图 3-5　常用电感器和变压器的图形符号**

### 二、电感器和变压器的分类

1）电感器的分类

电感器按绕线结构可分为单层线圈、多层线圈、蜂房线圈等;按导磁性质可分为空芯线圈、磁芯线圈、铜芯线圈等;按封装形式可分为普通电感器、色环电感器、环氧树脂电感器、贴片电感器等;按电感量是否变化可分为固定电感器、微调电感器、可变电感器等;按工作性质可分为高频电感器和低频电感器等;按用途可分为天线线圈、扼流线圈、振荡线圈、退耦线圈等。

2）变压器的分类

变压器按工作频率可分为高频变压器、中频变压器、低频(音频)变压器、脉冲变压器等;按导磁性质可分为空芯变压器、磁芯变压器、铁芯变压器等;按用途(传输方式)可分为电源变压器、输入变压器、输出变压器、耦合变压器等。

部分电感器和变压器的性能及用途见表 3-5。

表 3-5　部分电感器和变压器的性能及用途

| 电感器种类 | 电感器外形图 | 性能及用途 |
|---|---|---|
| 小型固定电感线圈 | | 将铜线绕在磁芯上,再用环氧树脂或塑料封装而成。电感量用直标法和色标法表示,又称色码电感器。体积小、质量轻、结构牢固、安装使用方便,在电路中,用于滤波、陷波、扼流、振荡、延迟等。有立式和卧式两种,电感量为 0.1～3 000 $\mu$H,允许误差有 Ⅰ(5%)、Ⅱ(10%)、Ⅲ(20%) 挡,频率为 10 kHz～200 MHz |
| 铁氧体磁芯线圈 | | 铁氧体铁磁材料具有较高的磁导率,常用来作为电感线圈的磁芯,制造体积小而电感量大的电感器。在中心磁柱上开出适当的气隙不但可以改变电感系数,而且能够提高电感的 Q 值、减小电感温度系数。广泛应用于 LC 滤波器、谐振回路和匹配回路。常见的铁氧体磁芯还有 Ⅰ 形磁芯、E 形磁芯和磁环 |
| 交流扼流圈 | | 交流扼流圈有低频扼流圈和高频扼流圈两种形式。低频扼流圈又称滤波线圈,由铁芯和绕组构成;有封闭和开启式两种,与电容器组成滤波电路,以滤除整流后残存的交流成分。高频扼流圈通常用在高频电路中阻碍高频电流的通过,常与电容器串联组成滤波电路,起到分开高频和低频信号的作用 |
| 可调电感器 | | 在线圈中插入磁芯(或铜芯),改变磁芯在线圈中的位置就可以达到改变电感量的目的。例如,有些中周线圈的磁罩可以旋转调节,即磁芯可以旋转调节,调整磁芯和磁罩的相对位置,能够在 ±10% 的范围内改变中周线圈的电感量 |
| 电源变压器 | | 电源变压器的功能是功率传送、电压变换和绝缘隔离,作为一种主要的软磁电磁元件,在电源技术中和电子技术中得到广泛的应用 |

## 三、电感器和变压器的命名方法

1）电感器型号命名方法

电感线圈型号由四部分组成,各部分的含义如下:第一部分为主称,常用"L"表示线圈,"ZL"表示高频或低频阻流圈;第二部分为特征,常用"G"表示高频;第三部分为类型,常用"X"表示小型;第四部分为区别代号。LGX型即为小型高频电感线圈。

2）变压器型号命名方法

国产变压器型号由三部分组成,各部分的含义见表3-6;第一部分用字母表示变压器的主称;第二部分用数字表示变压器的额定功率;第三部分用数字表示产品的序号。

表 3-6　国产变压器的型号命名的含义

| 第一部分:主称 | | 第二部分:额定功率 | 第三部分:序号 |
|---|---|---|---|
| 字母 | 含义 | | |
| CB | 音频输出变压器 | 用数字表示变压器的额定功率 | 用数字表示产品的序号 |
| DB | 电源变压器 | | |
| GB | 高压变压器 | | |
| HB | 灯丝变压器 | | |
| RB 或 JB | 音频输入变压器 | | |
| SB 或 ZB | 扩音机用定阻式音频输送变压器(线间变压器) | | |
| SB 或 EB | 扩音机用定压或自耦式音频输送变压器 | | |
| KB | 开关变压器 | | |

## 四、电感器和变压器的性能检测

1）电感器的性能检测

电感器的主要故障有短路、断线。

电感器的性能检测一般采用外观检查结合万用表测试的方法。先外观检查,看线圈有无断线、生锈、发霉、松散或烧焦的情况(这些故障现象较常见),若无此现象,再用万用表检测电感线圈的直流损耗电阻。

电感线圈的直流损耗电阻通常在几欧与几百欧之间,所以使用指针式万用表检测时,通常使用 $R \times 1$ 或 $R \times 10$ 的电阻挡测量。若测得线圈的电阻远大于标称电阻值或趋于无穷大,说明电感器断路;若测得线圈的电阻远小于标称电阻值,说明线圈内部有短路故障。

2）变压器的性能检测

变压器的性能检测方法与电感器大致相同,不同之处如下:

(1) 检测变压器之前,先了解该变压器的连线结构,然后主要测量变压器线圈的直流电阻和各绕组之间的绝缘电阻。在没有电气连接的地方,电阻值应为无穷大;有电气连接之处,有规定的直流电阻(可查资料得知)。

(2)变压器各绕组之间及绕组和铁芯之间的绝缘电阻的测量。电路中的输入变压器和输出变压器使用 500 V 的摇表(兆欧表)测量,其绝缘电阻应不小于 100 MΩ;电源变压器使用 1 000 V 的摇表(兆欧表)测量,其绝缘电阻不小于 1 000 MΩ。

## ◆◆ 任务四　半导体器件认识 ◆◆

半导体二极管和晶体管是组成分立元件电子电路的核心器件。二极管具有单向导电性,可用于整流、检波、稳压及混频等电路中。晶体管是一种电流控制型器件,它最基本的作用是信号放大或作无触点开关。它们的管壳上都印有规格和型号,以便选用。

## 一、半导体器件的型号命名

根据国家标准,半导体器件型号主要由五个部分组成:第一部分表示电极数;第二部分表示材料和极性;第三部分表示类别;第四部分表示序号;第五部分表示规格号。

例如,PNP 型低频小功率管和 NPN 型高频小功率管的型号命名分别如图 3-6 和图 3-7所示。

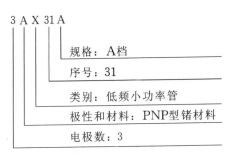

图 3-6　PNP 型低频小功率管型号命名

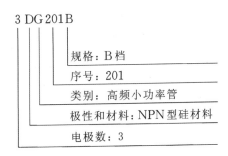

图 3-7　NPN 型高频小功率管型号命名

场效应器件、半导体特殊器件、复合管、激光型器件的型号由第三、第四、第五部分组成。

## 二、二极管

晶体二极管简称二极管,是一种具有单向导电性的半导体器件。它是由一个 PN 结加上引线及管壳构成的。

### 1. 二极管的分类

二极管种类很多,按制作材料不同分为硅二极管和锗二极管;按结构不同分为点接触型二极管和面接触型二极管;按用途不同分为整流二极管、检波二极管、发光二极管、光电二极管、稳压二极管、变容二极管等。常用二极管的性能特点见表 3-7。常见二极管的外形如图 3-8 所示。

表 3-7　常用二极管的性能特点

| 二极管的类别 | 性能特点 |
|---|---|
| 普通二极管 | 多用于整流、检波。整流二极管不仅有硅二极管和锗二极管之分,而且有低频和高频、大功率和中(小)功率之分。硅二极管具有良好的温度特性及耐压性能,故使用较多。检波实际上是对高频小信号整流的过程,它可以把调幅信号中的调制信号(低频成分)取出来。检波二极管属于锗材料点接触型二极管,其特点是工作频率高、正向压降小 |
| 发光二极管 | 将电信号转换成光信号的发光半导体器件,当管子 PN 结通过合适的正向电流时,便以光的形式将能量释放出来。它具有工作电压低、耗电少、响应速度快、寿命长、色彩绚丽及轻巧等优点(颜色有红、绿、黄等,形状有圆形和矩形等),广泛应用于单个显示电路或做成七段显示器、LED 点阵等,在数字电路实验中常用作逻辑显示器 |
| 光电二极管 | 一种将光信号转换成电信号的半导体器件。光电二极管 PN 结的反向电阻大小与光照强度有关,光照越强,阻值越小。光电二极管可用于光的测量。当制成大面积的光电二极管时,可作为一种能源,称为光电池 |
| 稳压二极管 | 又称齐纳二极管,是一种用于稳压、工作于反向击穿状态的特殊二极管。稳压二极管是以特殊工艺制造的面接触型二极管,它是利用 PN 结反向击穿后,在一定反向电流范围内反向电压几乎不变的特点进行稳压的 |
| 变容二极管 | 在电路中能起到可调电容器的作用,其结电容随反向电压的增加而减小。变容二极管主要用于高频电路中,如变容二极管调频电路 |

图 3-8　常见二极管的外形

### 2. 二极管的主要参数

二极管的主要参数有最大整流电流、最高反向工作电压和最高工作频率等。

1) 最大整流电流 $I_F$

最大整流电流是指二极管长期连续工作时,允许通过的最大正向平均电流。使用时应注意通过二极管的平均电流不能大于这个值,否则将可能导致二极管损坏。

2）最高反向工作电压$U_{RM}$

最高反向工作电压是指为避免二极管击穿,所能加于二极管上的反向电压最大值。为了安全起见,通常最高反向工作电压为反向击穿电压的$1/3\sim1/2$。

3）最高工作频率$f_M$

由于 PN 结具有电容效应,当工作频率超过某一限度时,二极管的单向导电性将变差,该频率为二极管最高工作频率$f_M$。点接触型二极管的$f_M$值较高(100 MHz 以上),面接触型二极管的$f_M$值较低(数千赫兹)。

**3. 二极管的检测和选用**

一般二极管的检测有极性判别和好坏判断两种方法。

1）二极管的极性判别

普通二极管外壳上一般标有极性,如用箭头、色点、色环或管脚长短等形式做标记。箭头所指方向或靠近色环的一端为阴极,有色点或长管脚为阳极,若标识不清可用万用表进行判别。将万用表的挡位选择"$R\times1$ k"挡(或"$R\times100$"挡),两表笔分别接触二极管的两个电极,如果二极管导通,表针指在约 10 kΩ(5～15 kΩ)处,两表笔反向,表针不动,则二极管导通时黑表笔一端为二极管的正极,红表笔一端为二极管的负极。

2）二极管的好坏判断

用万用表检测二极管,当有下列现象之一时,二极管不良或损坏。

(1) 两表笔正反向测量表针均不动,二极管开路。

(2) 两表笔正反向测量阻值均很小或为 0 Ω,二极管短路。

(3) 正向测量表针指示值约 10 kΩ,反向测量表针指示值亦较小,三极管反向漏电流大,不宜使用。

对于检测的二极管正反向电阻,阻值差越大,说明管子的质量越好。可以直接使用数字式万用表的二极管挡对二极管进行检测。对于硅二极管,当红表笔接在管子的正极,黑表笔接在管子的负极时,显示数字为 500～700 为正常;对换表笔再次测量,应无数字显示。对于锗二极管,当红表笔接在管子的正极,黑表笔接在管子的负极时,显示数字小于 300 为正常。如果两次测量均无数字显示,说明二极管开路;两次测量显示均为 0,说明二极管短路。

在某些特殊情况下,用万用表也不能判断二极管的性能,此时可用 JT-1 型晶体管特性图示仪模拟二极管的工作环境进行测量。

二极管的应用范围很广,要根据电路要求正确选用,选用原则是不能超过二极管的极限参数,即最大整流电流、最高反向工作电压、最高工作频率等,并留有一定的余量。此外,还应根据技术要求进行选择。例如,当要求反向电压高、反向电流小、工作温度高于 100 ℃时应选择硅二极管;需要导通电流大时,选面接触型硅二极管;要求低导通压降时选锗二极管;工作频率高时,选点接触型二极管(一般为锗二极管)。特殊二极管的选择,要考虑其特殊功用和特有参数指标。

# 三、晶体管

## 1. 晶体管的分类

晶体管是具有两个 PN 结的三极半导体器件。晶体管种类很多,按制作材料和导电极性不同分为 NPN 硅管、PNP 硅管、NPN 锗管、PNP 锗管;按结构不同分为点接触型晶体管和面接触型晶体管;按功率不同分为大、中、小功率晶体管;按频率不同分为低频管、高频管、微波管;按功能和用途不同分为放大管、开关管、达林顿管等。常见晶体管的外形如图 3-9 所示。

**图 3-9　常见晶体管的外形**

### 2. 晶体管的主要参数

晶体管的主要参数有电流放大倍数、集电极最大允许电流、集-射反向击穿电压、集电极最大允许耗散功率和特征频率等。

(1) 电流放大倍数 $\beta(h_{FE})$ 和 $\overline{\beta}$。$\beta$ 是指晶体管的交流电流放大倍数,表示晶体管对交流信号的放大能力。$\overline{\beta}$ 是晶体管的直流电流放大倍数,表示晶体管对直流信号的放大能力。由于这两个参数近似相等,所以在使用时不再区分。为了直观地表明晶体管的放大倍数,常在晶体管的外壳上点上色标,常见的色标与 $\beta$ 值的对应关系见表 3-8。

**表 3-8　常见的色标与 β 值的对应关系**

| 色标 | 棕 | 红 | 橙 | 黄 | 绿 | 蓝 | 紫 | 灰 | 白 | 黑 |
|------|------|------|------|------|------|------|------|------|------|------|
| $\beta$ | 5～15 | 15～25 | 25～40 | 40～55 | 55～80 | 80～120 | 120～180 | 180～270 | 270～400 | 400～600 |

(2) 集电极最大允许电流 $I_{max}$。集电极最大允许电流是指当晶体管的 $\beta$ 值下降到 2/3 时,管子的集电极电流。

(3) 集-射反向击穿电压 $U_{CEO}(U_{br})$。集-射反向击穿电压是指基极开路时,集电极与发射极之间允许加的最大电压。

(4) 集电极最大允许耗散功率 $P_{CM}$。集电极最大允许耗散功率是决定管子温升的参数。

(5) 特征频率 $f_T$。晶体管工作频率超过一定值时,$\beta$ 值开始下降,当 $\beta=1$ 时所对应的频率为特征频率。在这个频率下工作的晶体管已失去放大能力。

### 3. 晶体管的检测和选用

1) 管脚及管型的判别

(1) 管脚的判别。从外观识别晶体管电极(管脚),有些金属外壳封装的小功率晶体管,如果管壳上带有定位销,那么将管底朝上,从定位销起,按顺时针方向,三根电极依次为 e、b、c;如果管壳上无定位销,且三根电极在半圆(或等腰三角形)内,将有三根电极的半圆置于上方,按顺时针方向,三根电极依次为 e、b、c,如图 3-10(a)所示。有些塑料外壳封装的小功率晶体管,面对平面,三根电极置于下方,依次为 e、b、c,如图 3-10(b)所示。对于大功率晶体管,如图 3-10(c)所示,外形一般为 F 型和 G 型两种。F 型管从外形上只能看到两根电极,将管底朝上,两根电极置于左方,则上为 e,下为 b,底座为 c。G 型管的三个电极一般在管壳的顶部,将管底朝上,三根电极置左方,从最下电极起,顺时针方向依次为 e、b、c。若电极不易辨别,可按下述方法进行测试。

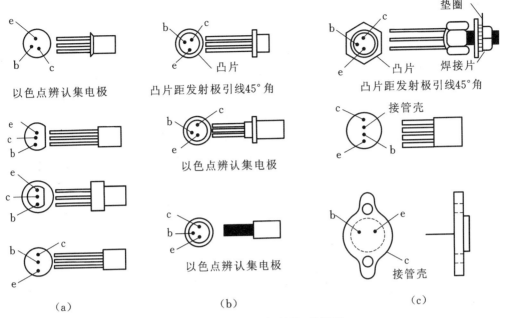

图 3-10　晶体管极性(管脚)的识别

（2）判别管子的类型。NPN 型晶体管和 PNP 型晶体管的 PN 结等效电路如图 3-11(a) 所示。从图中可见,用万用表欧姆挡测量集电极 c 和发射极 e,不管表笔怎样连接,总有一个 PN 结处于反向截止状态,如果测得其中有两个电极正、反向电阻值均较大,则剩下的电极为基极 b。当基极确定后,用黑表笔接基极,红表笔分别和另外两个电极相接,若测得两个电阻均很小,即为 NPN 型晶体管;若测得两个电阻均很大,即为 PNP 型晶体管。

（3）判断集电极和发射极。通过一个 100 kΩ 电阻把已知的基极和假定的集电极接通,如果是 NPN 型晶体管,万用表黑表笔接假定的集电极,红表笔接假定的发射极,如图 3-11 (b)所示。此时,万用表上读出一个阻值,而后把假定的集电极和发射极互换,进行第二次测量,两次测量中,测得阻值小的那一次,与黑表笔相接的那一极便是集电极。

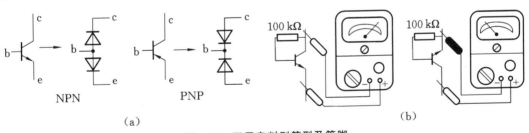

图 3-11　万用表判别管型及管脚

应该指出,晶体管的管脚必须正确确认,否则,接入电路不但不能正常工作,还可能烧坏管子。

以上介绍的是比较简单的测试,要想进一步精确测试,可以借助于 JT-1 型晶体管特性图示仪,它能十分清晰地显示出晶体管的输入特性曲线及电流放大系数 $\beta$ 等。

2）性能参数的测量

（1）$\beta$ 值的测量。多数万用表都设有测量晶体管 $\beta$ 值的挡位,具体按万用表说明书给出的方法测量。

（2）穿透电流 $I_{CEO}$ 的测量。

对于 NPN 型晶体管，黑表笔接 c，红表笔接 e；对于 PNP 型晶体管，红表笔接 c，黑表笔接 e。所测出的阻值越大，穿透电流越小。一般用万用表"$R \times 1$ k"挡测量小功率硅晶体管，表针应不动；由于锗晶体管 $I_{CEO}$ 较大，用万用表"$R \times 1$ k"挡测量，表针应有明显的偏转。

3）晶体管的选用

按电路要求选用晶体管的类型及参数。一般选管时，应使管子的特征频率高于电路工作频率的 3～10 倍，电流放大系数选为 40～100，集-射反向击穿电压大于电源电压，集电极最大允许电流、集电极最大允许耗散功率等极限参数降为原值的 2/3。

其他晶体管的选用，在考虑电路要求的同时还要充分注意其个性特征，如晶闸管的过载能力差、触发电压值的限度以及场效应晶体管对栅极的保护问题等。

## ◀ 任务五 集成电路 ▶

### 一、集成电路的分类

（1）集成电路按传送信号的特点可分为模拟集成电路和数字集成电路。

（2）集成电路按有源器件类型可分为双极性集成电路、MOS 型集成电路和双极性-MOS 型集成电路。

（3）集成电路按集成度可分为小规模集成电路 SSI（集成度为 100 个元件以内或 10 个门电路以内）、中规模集成电路 MSI（集成度为 100～1000 个元件或 10～100 个门电路）、大规模集成电路 LSI（集成度为 1 000～10 000 个元件或 100 个门电路以上）、超大规模集成电路 VLSI（集成度为 10 万个元件以上或 1 万个门电路以上）。

（4）集成电路按封装形式可分为圆形金属封装集成电路、扁平陶瓷封装集成电路、双列直插式封装集成电路、单列直插式封装集成电路、四列扁平式封装集成电路等。

（5）集成电路按功能可分为集成运算放大电路、集成稳压器、集成模/数转换器、集成数/模转换器、编码器、译码器、计数器等。

### 二、集成电路的命名方法

近年来，集成电路的发展迅速，集成电路的类别、型号层出不穷，国内外各大公司生产的集成电路都已各成系列，因此在使用集成电路时，应查询相应的集成电路手册。国产集成电路的命名方法见表 3-9。

例如，低功耗运算放大器 CF3140CP，命名意义为：国产塑料双列直插封装 MOS 运算线性放大器集成电路，工作温度是 0～70 ℃。

常见外国公司生产的集成电路的字头符号见表 3-10。

表 3-9 国产集成电路的命名方法

| 第0部分 | | 第一部分 | | 第二部分 | 第三部分 | | 第四部分 | |
|---|---|---|---|---|---|---|---|---|
| 用字母表示器件的符号（国家标准） | | 用字母表示器件的类型 | | 用数字表示器件的系列和品种代号 | 用字母表示器件的工作温度/℃ | | 用字母表示器件的封装形式 | |
| 符号 | 意义 | 符号 | 意义 | | 符号 | 意义 | 符号 | 意义 |
| C | 符合国家标准 | T | TTL 集成电路 | | C | 0～70 | H | 黑瓷扁平 |
| | | H | HTL 集成电路 | | E | −40～85 | B | 塑料扁平 |
| | | E | ECL 集成电路 | | R | −55～85 | F | 多层陶瓷扁平 |
| | | C | CMOS 集成电路 | | M | −55～125 | P | 塑料双列直插 |
| | | AD | A/D 转换器 | | G | −25～70 | D | 多层陶瓷双列直插 |
| | | DA | D/A 转换器 | | L | −25～85 | T | 金属圆形 |
| | | F | 线性放大器集成电路 | | | | J | 黑瓷双列直插 |
| | | D | 音响、电视集成电路 | | | | S | 塑料单列直插 |
| | | W | 稳压集成电路 | | | | K | 金属菱形 |
| | | J | 接口电路 | | | | C | 陶瓷片状载体 |
| | | B | 非线性集成电路 | | | | E | 塑料片状载体 |
| | | M | 存储器 | | | | G | 网格阵列 |
| | | SC | 通信专用电路 | | | | | |
| | | $\mu$ | 微处理器 | | | | | |
| | | SS | 敏感电路 | | | | | |
| | | SW | 钟表电路 | | | | | |

表 3-10 常见外国公司生产的集成电路的字头符号

| 字头符号 | 生产厂家 | 字头符号 | 生产厂家 |
|---|---|---|---|
| AD | 美国模拟器件公司 | MK | 美国英特卡科技公司 |
| AN、DN | 日本松下电器公司 | MP | 美国微功耗系统公司 |
| CA、CD、CDP | 美国无线电公司 | N、NE、SA、SU、CA | 美国西格尼蒂克公司 |
| CX、CXA | 日本索尼公司 | NJM、NLM | 日本新日元公司 |
| CS | 美国齐瑞半导体公司 | RC、RM | 美国 RTN 公司 |
| HA | 日本日立公司 | SAT、SAJ | 美国 ITT 公司 |
| ICL、D、DG | 美国英特锡尔公司 | SAB、SAS | 德国 SIEG 公司 |
| LA、LB、STK、LC | 日本三洋公司 | TA、TD、TC | 日本东芝公司 |
| LC、LG | 美国通用仪器公司 | TAA、TBA、TCA、TDA | 欧洲电子联盟 |

| 字头符号 | 生产厂家 | 字头符号 | 生产厂家 |
|---|---|---|---|
| LM、TBA、TCA | 美国国家半导体器件公司 | TL | 美国得克萨斯仪器公司 |
| M | 日本三菱电机股份有限公司 | U | 德国德律风根公司 |
| MB | 日本富士通半导体有限公司 | ULN、ULS、ULX | 美国史普拉格电子公司 |
| MC | 美国摩托罗拉公司 | UA、F、SH | 美国仙童半导体公司 |
| ML、MH | 加拿大米特尔半导体公司 | UPC、UPB | 日本电气公司 |

## 三、集成电路的识别

集成电路主要包括集成运算放大器,集成稳压器,收录机、音响专用集成电路,电视机专用集成电路,录放像机和摄像机专用集成电路等。

(1)集成电路的封装材料及外形有多种,最常用的封装材料有塑料、陶瓷及金属三种,封装外形可分为圆形金属外壳封装(晶体管式封装)、陶瓷扁平或塑料外壳封装、双列直插式陶瓷或塑料封装、单列直插式封装等。

(2)集成电路的封装形式和引脚顺序。集成电路的引脚分别有3根、5根、7根、8根、10根、12根、14根、16根等多种,正确识别引脚排列顺序是很重要的,否则集成电路将无法正确安装、调试与维修,以至于不能正常工作,甚至造成损坏。集成电路的封装外形不同,引脚排列顺序也不一样。

识别圆筒形和菱形金属壳封装集成电路的引脚时,操作者要面向引脚(正视),由定位标记所对应的引脚开始,按顺时针方向依次数到底即可。如图3-12所示,常见的定位标记有突耳、圆孔及引脚不均匀排列等。

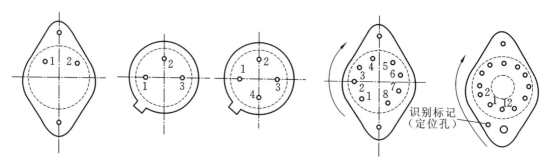

**图 3-12　圆筒形和菱形金属壳封装集成电路引脚排列**

(3)单列直插式集成电路引脚排列如图3-13所示,由定位标记所对应的引脚开始,自定位标记一侧的第一根引脚数起,依次为①脚、②脚、③脚……此类集成电路上常用的定位标记为色点、凹坑、短垂线条、色带、缺角等。

有些厂家生产的集成电路,为了便于在印制电路板上灵活安装,同一种芯片的封装外形有多种。一种按常规排列,即自左向右;另一种则自右向左,如少数这种器件上没有引脚识别标志,这时应从它的型号上加以区别。若集成电路型号后缀有一个字母R,则表明其引脚顺序为自右向左反向排列。例如,M5115P与M5115PR,前者引脚排列顺序为自左向右正向

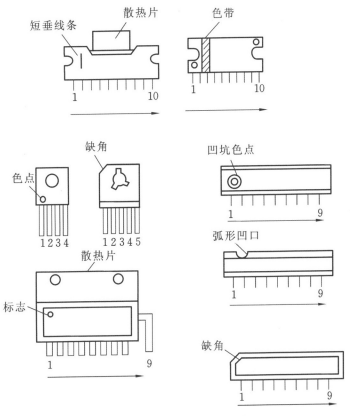

图 3-13　单列直插式集成电路引脚排列

排列,后者引脚为自右向左反向排列。

(4) 双列直插式和扁平式集成电路引脚排列如图 3-14 所示,将集成电路水平放置,引脚向下,即型号、商标向上,定位标记在左边,从左边第一根引脚数起,按逆时针方向,依次为①脚、②脚、③脚……扁平式集成电路的引脚识别方向和双列直插式集成电路相同。

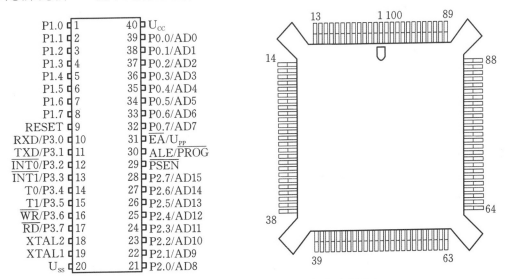

图 3-14　双列直插式和扁平式集成电路引脚排列

## 四、集成电路的检测方法

集成电路的检测方法很多,这里仅介绍几种最基本的方法。

1)电阻检测法

用万用表的欧姆挡测量集成电路各引脚对地的正、反向电阻,并与参考资料或与另一块好的、同类型的集成电路比较,从而判断该集成电路的好坏。

2)电压检测法

对测试的集成电路通电,使用万用表的直流电压挡,测量集成电路各引脚对地的电压,将测出的结果与该集成电路参考资料所提供的标准电压值进行比较,从而判断该集成电路是否有问题,以及该集成电路的外围电路元器件是否有问题。

3)波形检测法

用示波器测量集成电路各引脚的波形,并与标准波形进行比较,从而发现问题。

4)替代检测法

用一块好的、同类型的集成电路进行替代测试。这种方法往往是在前几种方法初步检测之后,基本认为集成电路有问题时所采用的方法。该方法的特点是直接、见效快,但拆焊麻烦,且易损坏集成电路和线路板。

## 五、集成电路使用注意事项

1)使用前对集成电路要全面了解

使用集成电路前,要对该集成电路的功能、内部结构、电特性、外形封装及与该集成电路相连接的电路进行全面分析和理解;使用时各项电性能参数不得超出该集成电路所允许的最大使用范围。

2)安装集成电路时要注意方向

在印制电路板上安装集成电路时,要注意方向不要搞错,否则,通电时集成电路很可能被烧毁。一般规律为:集成电路引脚朝上,以缺口、打的一个点或竖线条为准,按逆时针方向排列。如果是单列直插式集成电路,则以正面(印有型号商标的一面)朝向自己,引脚朝下,引脚编号顺序一般从左到右排列。

3)有些空脚不应擅自接地

内部等效电路和应用电路中有的引脚没有标明,遇到空的引脚时,不应擅自接地,这些引脚为更替或备用脚,有时也用于内部连接。数字电路所有不用的输入端,均应根据实际情况接上适当的逻辑电平($U_{DD}$ 或 $U_{SS}$),不得悬空,否则电路的工作状态将不确定,并且会增加电路的功耗。对于触发器(CMOS电路)还应考虑控制端的直流偏置问题,一般可在控制端与 $U_{DD}$ 或 $U_{SS}$(视具体情况而定)之间接一只 100 kΩ 的电阻,触发信号则接到管脚上。这样才能保证在常态下电路状态是唯一的,一旦触发信号(脉冲)来到,触发器便能正常翻转。

4)注意引脚能承受的应力与引脚间的绝缘

集成电路的引脚不要加太大的应力,拆卸集成电路时要小心,以防折断。对于耐高压集成电路,电源 $U_{CC}$ 与地线及其他输入线之间要留有足够的空隙。

5）功率集成电路注意事项

（1）在未装散热板前，不能随意通电。

（2）在未确定功率集成电路的散热片应该接地前，不要将地线焊到散热片上。

（3）散热片的安装要平，紧固转矩一般为 $0.4\sim0.6$ N·m，散热板面积要足够大。

（4）散热片与集成电路之间不要夹进灰尘、碎屑等东西，中间最好使用硅脂，用以降低热阻，散热板安装好后，需要接地的散热板用引线焊到印制电路板的接地端上。

6）集成电路引脚加电时要同步

集成电路各引脚施加的电压要同步，原则上集成电路的 $U_{CC}$ 与地之间要加上电压。CMOS 电路尚未接通电源时，绝不可以将输入信号加到 CMOS 电路的输入端。如果信号源和 CMOS 电路各用一套电源，则应先接通 CMOS 电路电源，再接通信号源的电源；关机时，应先切断信号源电源，再关掉 CMOS 电路电源。

7）集成电路不允许大电流冲击

大电流冲击最容易导致集成电路损坏，所以，正常使用和测试时的电源应附加电流限制电路。

8）要注意供电电源的稳定性

供电电源和集成电路测量仪器在电源通断切换时，如果产生异常的脉冲波，则要在电路中增设诸如二极管组成的浪涌吸收电路。

9）不应带电插拔集成电路

带有集成电路插座或采用接插件的电路间连接，以及组件式结构的音响设备等，应尽量避免拔插集成电路或接插件。必要拔插前，一定要切断电源，并注意让电源滤波电容放电后进行。

10）集成电路及其引线应远离脉冲高压源

设置集成电路位置时应尽量远离脉冲高压、高频等装置。连接集成电路的引线及相关导线要尽量短，在不可避免的长线上要加入过压保护电路，尤其是车用收录机的安装更要注意。CMOS 电路接线时，外围元件应尽量靠近所连引脚，引线力求短捷，避免使用平行的长引线，否则易引入较大的分布电容和分布电感，容易形成 $LC$ 振荡。

11）防止感应电动势击穿集成电路

电路中带有继电器等感性负载时，在集成电路相关引脚要接入保护二极管，以防止过压击穿。焊接时宜采用 20 W 内热式电烙铁，且电烙铁外壳需接地线，或采用防静电电烙铁，防止因漏电而损坏集成电路。每次焊接时间应控制 $3\sim5$ s 内。有时为安全起见，也可先拔下电烙铁插头，利用电烙铁的余热进行焊接。严禁在电路通电时进行焊接。

12）要防止超过最高温度

一般集成电路所受的最高温度是 260 ℃（10 s）或 350 ℃（3 s）。上述时间是每块集成电路全部引脚同时浸入离封装基底平面的距离大于 $1\sim1.5$ mm 所允许的最长时间，所以波峰焊和浸焊温度一般控制在 $240\sim260$ ℃内，时间约 7 s。

ECL 电路的速度高，功耗也大。ECL 电路用于小型系统时，器件上应装散热器；用于大、中型系统时，应加装风冷或液冷设备。

**思考与练习**

**一、填空题**

1.电阻器的符号,用英文代号_____表示。

2.电阻器单位是_____,用字母_____表示。

3.电阻器可分为_____、_____、_____。

4.色环电阻有_____色环电阻和_____色环电阻。

5.电容器的主要功能有_____、_____、_____、_____和_____。

6.电感元件有两个特性:_____、_____。

7.电感器标识为5L713,其中L标识_____,713标识_____。

8.变压器的功能有_____、_____、_____和_____。

9.二极管是一种半导体器件,由一个_____和_____形成PN结,并在PN结两端引出相应的电极引线,再加上管壳密封而成。

10.二极管的命名方式一般为_____,就是将二极管的类别、材料、规格以及其他主要参数的数值标识在二极管表面上。

11.发光二极管的主要参数有_____和_____。

12.晶体管的主要参数分为_____和_____两类。

13.集成电路按功能分类分为_____和_____。

14.集成电路按集成度高低不同分类分为_____、_____、_____、_____。

15.写出电容器的几项技术参数:_____。

**二、简答题**

1.电子元器件大致分为几代?对电子元器件的主要要求是什么?

2.电子元器件的主要参数有哪些?

3.绘出电阻的伏安特性。某些元器件有负阻性质,试绘出负阻段的伏安特性。线性元件的伏安特性是否一定是直线?

4.电子元器件的规格参数有哪些?

5.简述电解电容器的结构、特点及用途。

# 项目四
## 电工电子产品装配及调试

　　印制电路板是电子产品中电路元件的支撑件,提供了电路元件之间的电气连接。印制电路板的设计与制作是生产电子产品必须了解的内容,焊接技术及安装是制造电子产品的重要环节。电子产品由众多的元器件组成,受各元器件性能参数的离散性及电路设计的近似性以及生产过程中其他随机因素的影响,装配完的电子产品在性能方面存在较大的差异,通常达不到设计时规定的功能和性能指标,所以电子产品组装完成后的调试也是非常重要的。

◀ **学习目标**

了解印制电路板的设计与制作。

掌握焊接技术及安装知识。

了解电子产品的整机装配。

掌握电子产品工艺及检验。

# ◀ 任务一　印制电路板的设计与制作 ▶

印制电路板(PCB)又称印刷电路板,是电子元器件电气连接的提供者。印制电路板是由印制电路加基板构成的,是电子工业重要的电子部件之一。由于印制电路板的主要优点是大大减少布线和装配的差错,印制电路板在电子设备中广泛应用,大大提高了产品的一致性、重现性和成品率。同时,由于机械化和自动化生产的实现,生产效率大为提高,且可以明显地减少接线的数量及消除接线错误,从而保证了电子设备的质量,降低了生产成本,方便了使用中的维修工作。

## 一、印制电路板的基本概念

印制电路板是焊装各种集成芯片、晶体管、电阻器、电容器等元器件的基板,印制电路板(简称印制板或线路板)英文简称为 PCB(printed circuit board)。它是安装电子元器件的载体,几乎出现在每一种电子设备当中。印制电路板的外形如图 4-1 所示。

**图 4-1　印制电路板的外形**

用来支撑各种集成芯片、电子元器件、零部件等元器件的基板称为印制线路板。这种线路板上设有金属薄膜作为导线,英文名称为 printed wiring board,简称 PWB,是提供集成芯片、电子元器件、零部件之间的电气连接或电绝缘的导电图形。由此可见,印制电路板(PCB)又称为印制线路板(PWB)。通常由于习惯和其他方面的原因,并未严格地区分印制电路板(PCB)和印制线路板(PWB)的概念,而是将它们统称为印制电路板(PCB)。早期的印制电路板是将铜箔粘压在绝缘基板上,然后通过印制、蚀刻、钻孔等一系列手段,为元器件的安装制造出一个性能可靠的基础连接载体,最终完成元器件的安装和电气的互连。

## 二、印制电路板的设计要求

印制电路板的设计要求有正确、经济、可靠、合理。下面来详细说明一下这四项要求的内容。

(1) 正确。这是印制电路板设计基本而重要的要求。正确即要求准确实现电气原理图的连接关系,避免出现"短路"和"断路"这两个简单而致命的错误。这一基本要求在手工设计和用简单 CAD 软件设计的 PCB 中并不容易做到,一般较复杂的产品都要经过两轮以上试制修改,功能较强的 CAD 软件有检验功能,可以保证电气连接的正确性。

(2)经济。这是必须达到的目标。板材价格低,板子尺寸尽量小,连接用直焊导线,表面涂覆用最便宜的,选择价格最低的加工厂等,印制电路板制造价格就会下降。但不要忘记这些廉价的选择可能造成工艺性、可靠性变差,使制造费用、维修费用上升,总体经济性不一定合算,故不易做到。

(3)可靠。这是印制电路板设计中较高一层的要求。连接正确的印制电路板不一定可靠性好,如板材选择不合理,板厚及安装固定不正确,元器件布局布线不当等都可能导致 PCB 不能可靠地工作,早期失效甚至根本不能正确工作。再如多层板和单、双面板相比,设计时要容易得多,但就可靠性而言却不如单、双面板。从可靠性的角度讲,结构越简单,使用元件越小,板子层数越少,可靠性越高。

(4)合理。这是印制电路板设计中更深一层、更不容易达到的要求。一个印制电路板组件,从印制电路板的制造、检验、装配、调试到整机装配、调试,直到使用维修,无不与印制电路板设计的合理与否息息相关,如板子形状选得不好加工困难、引线孔太小装配困难、没留下测试点调试困难、板外连接选择不当维修困难等。每一种困难都可能导致成本增加、工时延长,而每一个造成困难的原因都源于设计者的失误。没有绝对合理的设计,只有不断合理化的过程。因此,设计者需要有责任心,以严谨的作风在实践中不断总结经验。

上述四条既相互矛盾又相辅相成,不同用途、不同要求的产品侧重点不同。事关国家安全、防灾救急、上天入海的产品,可靠性第一。民用低价值产品,经济性为首要考虑因素。具体产品具体对待,综合考虑以求最好,是对设计者综合能力的要求。

## 三、制作印制电路板的基本环节

印制电路板的制造工艺会因印制电路板的类型和要求而异,但在不同的工艺流程中,一般有以下七个基本环节:

### 1. 绘制照相底图

厂家的第一道工序即对设计者送来的底图进行检查、修改,以保证加工质量。现在由于计算机绘制底图的应用,常将画好的底图复制到 U 盘上,告诉厂家底图的文件名,让厂家通过绘图仪将底图绘出。

### 2. 照相制版

用绘好的底图照相制版,版面尺寸通过调整相机焦距准确达到印制电路板尺寸,相版要求反差大,无砂眼。制版过程与普通照相大体相同。相版干燥后需修版,对相版上砂眼修补,对不要的用小刀刮掉。做双面板的相版应保证正反面两次照相的焦距一致,确保两面图形尺寸的吻合。

### 3. 图形转移

把相版上的印制电路图形转移到覆铜板上,称为图形转移。方法有丝网漏印、光化学法等。

(1)丝网漏印。丝网漏印是一种古老的工艺,但由于具有操作简单、生产效率高、质量稳定和成本低廉等优点,广泛用于印制电路板制造,现由于该法在工艺、材料、设备上都有突破,采用该法能印制出直径为 0.2 mm 的导线。该法的缺点是精度比光化学法差,要求工人具有熟练的操作技术。丝网漏印技术包括丝网的准备、丝网图形的制作和漏印三部分。

（2）直接感光法。直接感光法（光化学法之一）包括覆铜板表面处理、上胶、曝光、显影、固膜和修版的顺序过程。上胶是指在覆铜板表面均匀涂上一层感光胶。曝光的目的是使位于光线透过的地方的感光胶发生化学反应，而显影的结果使未感光胶溶解、脱落，留下感光部分。固膜是为了使感光胶牢固地粘连在印制电路板上并烘干。

（3）光敏干膜法。光敏干膜法（光化学法之二）与直接感光法的主要区别是感光材料不同。它的感光材料是一种薄膜类物质，由聚酯薄膜、感光胶膜和聚乙烯薄膜三层材料组成，感光胶膜夹在中间。

贴膜前，将聚乙烯薄膜揭掉，使感光胶膜贴于覆铜板上；曝光后，将聚酯薄膜揭掉后再进行显影，其余过程与直接感光法相同。

### 4. 蚀刻

蚀刻也称烂板，是制造印制电路板必不可少的重要步骤。它利用化学方法去除板上不需要的铜箔，留下焊盘、印制导线及符号等。常用的蚀刻液有三氯化铁、酸性氯化铜、碱性氯化铜、硫酸-过氧化氢等。

三氯化铁蚀刻液适用于丝网漏印油墨抗蚀剂和液体感光胶抗蚀层印制电路板的蚀刻。用它蚀刻的特点是工艺稳定、操作方便、价格便宜。但是，它由于再生困难、污染严重、废水处理困难而逐渐被淘汰。影响三氯化铁蚀刻液蚀刻时间的因素有浓度和温度、溶铜量（铜在蚀刻液中溶入的量）、盐酸的加入量以及搅拌方式。

酸性氯化铜蚀刻液近年来正代替三氯化铁蚀刻液，具有回收的再生方法简单、减少污染、操作方便等特点。酸性氯化铜蚀刻液的配方一般除氯化铜外还提供氯离子的成分（氯化钠、盐酸和氯化铵）。影响酸性氯化铜蚀刻液蚀刻时间的因素有氯离子浓度、溶液中的铜含量以及溶液温度等。

碱性氯化铜蚀刻液适用于金、镍、铅锡合金等电镀层作抗蚀涂层的印制电路板蚀刻。它的特点是蚀刻速度快且容易控制，维护方便（通过补充氨水或氨气维持 pH 值），以及成本低等。它的蚀刻度受铜离子浓度、氨水浓度、氯化铵浓度以及温度的影响。

硫酸-过氧化氢蚀刻液是一种新的蚀刻液，它的蚀刻特点是蚀刻速度快、溶铜量大、铜的回收方便、无须做废水处理等。影响硫酸-过氧化氢蚀刻液蚀刻时间的因素有过氧化氢的浓度、硫酸和铜离子的浓度、稳定剂（使溶液稳定、蚀刻速率均匀一致）、催化剂（$Ag^+$、$Hg^+$、$Pd^{2+}$）和温度等。

蚀刻的方式主要有浸入式、泡沫式、泼溅式和喷淋式等，分别选用不同的蚀刻液蚀刻。目前，工业生产中用得最多的蚀刻方式是喷淋式蚀刻。

### 5. 孔金属化

孔金属化是双面板和多面板的孔与孔间、孔与导线间导通最可靠的方法，是印制电路板质量好坏的关键。它将铜沉积在贯通两面导线或焊盘的孔壁上，使原来非金属的孔壁金属化。

孔金属化过程中须经过的环节有钻孔、孔壁处理、化学沉铜和电镀铜加厚。孔壁处理的目的是使孔壁上沉积一层作为化学沉铜的结晶核心的催化剂金属。化学沉铜的目的是使印制电路板表面和孔壁产生一薄层附着力差的导电铜层。最后的电镀铜加厚是为了使孔壁加厚并附着牢固。

### 6. 金属涂敷

为提高印制电路的导电性、可焊性、耐磨性、装饰性,延长印制电路板的使用寿命,提高电气可靠性,可在印制电路板的铜箔上涂敷一层金属。金属镀层的材料可为金、银、锡、铅锡合金等。

金属涂敷的方法分电镀和化学镀两种。

(1)电镀。电镀使镀层致密、牢固、厚度均匀可控,但设备复杂,成本高,一般用于要求高的印制电路板和镀层,如插头部分镀金等。

(2)化学镀。化学镀设备简单、操作方便、成本低,但镀层厚度有限,牢固性差,一般只适用于改善可焊性的表面涂敷。

目前大部分采用浸锡和镀铅锡合金的方法来改善可焊性,它具有可焊性好、抗腐蚀能力强、长时间放置不变色等优点。

### 7. 涂助焊剂与阻焊剂

印制电路板经表面金属涂敷后,根据不同的需要可进行助焊和阻焊处理。涂助焊剂既可起保护镀层不氧化的作用,又可提高可焊性。为了保护板面,确保焊接的正确性,在一定的要求下在板面上加阻焊剂,但必须使焊盘裸露。

印制电路板加工除了上述七个基本环节外,还有其他加工工艺,可根据实际情况添加,如为了装焊方便,而在元件层印上文字标记、元件序号等。

## ◀ 任务二　焊接技术与安装 ▶

## 一、手工焊接

焊接是制造电子产品的重要环节之一,而手工电烙铁焊接是技术人员的一项基本功。

在科研开发、设计试制、技术革新的过程中,制作一两块印制电路板不可能也没有必要采用自动设备,经常需要进行手工装焊。即便在大批量生产的情况下,维护和维修也必须使用手工焊接,因此需要通过学习和实践操作掌握手工焊接技能。

### 1. 影响手工焊点质量的原因

手工焊点质量与多种因素有关,导致手工焊点质量差的主要原因如下:

(1)焊点表面未清洁。

(2)焊锡丝质量差。

(3)焊剂使用不当。

(4)焊接时间和温度控制不当等。

在材料(焊料与焊剂)和工具(电烙铁、工装和夹具)一定的情况下,操作者的操作技能是决定性的因素。因此,选择高质量的焊接材料,掌握好电烙铁的温度和焊接时间,选择恰当的烙铁头和焊点的接触位置才可能得到良好的焊点。

### 2. 手工焊接技能的要点

掌握用电烙铁进行手工焊接并不困难,但应注意一些技术要领。只有充分了解焊接原理、用心实践,才有可能在较短的时间内学会焊接的基本技能。

1) 焊接操作的正确姿势

电烙铁有三种握法,如图 4-2 所示。反握法的动作稳定,长时间操作不易疲劳,适用于大功率电烙铁的操作;正握法适用于中功率电烙铁或带弯头电烙铁的操作;在操作台上焊接印制电路板等焊件时,多采用握笔法。焊锡丝一般有两种握法,如图 4-3 所示。

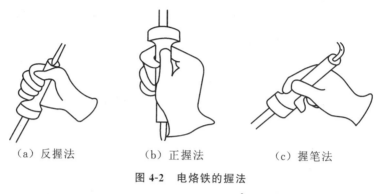

（a）反握法　　　　（b）正握法　　　　（c）握笔法

图 4-2　电烙铁的握法

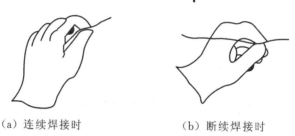

（a）连续焊接时　　　　（b）断续焊接时

图 4-3　焊锡丝的握法

2) 手工焊接的基本步骤

正确的手工焊接操作过程可分为五个步骤,如表 4-1 所示。

表 4-1　手工焊接基本步骤

| 序号 | 名称 | 图例 | 步骤实施 |
|------|------|------|----------|
| 步骤一 | 准备 | | 认准焊点位置,准备好焊锡丝和电烙铁,处于随时可焊接的状态,此时需要特别强调的是使烙铁头保持干净,即可以沾上焊锡(俗称吃锡) |
| 步骤二 | 加热 | | 将烙铁头放在工件焊点处,加热焊点。注意,首先,要保持电烙铁加热焊件各部分,如使印制电路板上引线和焊盘都受热;其次,要注意让烙铁头的扁平部分(较大部分)接触热容量大的焊件,烙铁头的侧面或边缘部分接触热容量较小的焊件,以保持焊件均匀受热 |

| 序号 | 名称 | 图例 | 步骤实施 |
|------|------|------|----------|
| 步骤三 | 送焊锡丝 | | 焊件加热到能熔化焊料的温度后,将焊锡丝置于焊点,焊料开始熔化并润湿焊点 |
| 步骤四 | 移开焊锡丝 | | 熔化一定量的焊锡后将焊锡丝移开 |
| 步骤五 | 移开电烙铁 | | 焊锡完全润湿焊点后移开电烙铁,注意移开电烙铁的方向应该是大致 45°的方向,要保证焊点美观 |

对于热容量小的焊件,如印制电路板上较细导线的焊接,可以简化为三步。

(1)准备。准备步骤同表 4-3 的步骤一。

(2)加热与送丝。烙铁头放在焊件上后即放入焊锡丝。

(3)去丝移开电烙铁。焊锡在焊接面上浸润扩散达到预期范围后,立即拿开焊锡丝并移开电烙铁,并注意移去焊锡丝的时间不得滞后于移开电烙铁的时间。

对于吸收低热量的焊件而言,上述整个过程的时间不过 2～4 s,各步骤节奏的准确控制、顺序的准确掌握、动作的熟练协调,都要经过大量实践并用心体会才能实现。有人总结出了在五步骤操作法中用数秒的办法控制时间:电烙铁接触焊点后数一、二(约 2 s),送入焊锡丝后数三、四,移开电烙铁,焊锡丝熔化量要靠观察决定。此办法可以参考,但由于电烙铁功率、焊点热容量的差别等因素,实际掌握焊接火候并无定章可循,必须具体情况具体对待。

3)手工焊接要领

① 保持烙铁头的清洁。因为焊接时烙铁头长期处于高温状态,烙铁头表面很容易氧化并沾上一层黑色杂质,这些杂质几乎形成隔热层,使烙铁头失去加热作用,所以要随时去除烙铁头上的杂质。常用方法是用一块湿布或湿海绵随时擦拭烙铁头。

② 采用正确的加热方法。要靠增加接触面积加快传热,而不要用电烙铁对焊件加力。正确的方法是根据焊件形状选用不同的烙铁头,或自己修整烙铁头,使烙铁头与焊件形成面接触而不是点接触或线接触,这就能大大提高加热效率。要提高烙铁头的热效率,还需要电烙铁上保留少量焊锡作为加热时烙铁头与焊件之间传热的桥梁。但应注意,作为焊锡桥的锡的保留量不可过多。

③ 控制焊接时间。焊接时间短容易产生虚假焊,焊接时间长会使焊点氧化,灼伤焊件。

④ 电烙铁撤离的方法。撤离电烙铁时，应将电烙铁迅速回带一下，同时轻轻旋转沿焊点约 45° 方向迅速离开。操作时应根据具体情况总结体会。

⑤ 焊锡凝固之前不要使焊件抖动。焊锡凝固前的抖动会造成焊点内部结构疏松，容易产生气隙和裂缝，致使焊点强度降低，导电性能差。

⑥ 焊锡、焊剂的用量要合适。用锡量要适当，锡点均匀，不能太大或太小；控制助焊剂用量，过多会造成污染，延长加热时间，并要注意随时清洗浸流的焊剂。

4) 手工焊接注意事项

① 手工焊接大多使用已加有焊剂的松香芯焊丝，为减少焊剂加热时挥发出的化学物质对操作者的危害，减少有害气体的吸入量，一般情况下，电烙铁到鼻子的距离应该不小于 20 cm，通常以 30 cm 为宜。

② 目前使用的锡铅合金焊锡丝中可能含有一定比例的铅，而铅是对人体有害的一种重金属，因此操作时应该戴手套或在操作后洗手，避免食入铅尘。

③ 电烙铁使用以后，一定要稳妥地插放在电烙铁架上，并注意导线等其他杂物不要碰到烙铁头，以免烫伤导线，造成漏电等事故。

# 二、自动焊接

电子技术飞速发展，电子元器件也日趋集成化、小型化和微型化，印制电路板上元器件的排列也越来越密集，手工焊接已不能满足对提高效率和可靠性的要求。自动焊接技术是为了适应印制电路板的发展而产生的，它大大提高了生产效率，且已成为印制电路板焊接的主要方法，在电子产品生产过程中得到普遍使用。

在工业化大批量生产电子产品的企业里，THT 与 SMT 工艺常用的自动焊接设备有浸焊机、波峰焊机、焊剂自动涂敷设备及其他辅助装置。

## 1. 浸焊

浸焊是将插好元器件的印制电路板浸入熔融状态的锡槽中，一次完成印制电路板上所有焊点的焊接。它比手工焊接生产效率高，操作简单，适用于批量生产。浸焊包括手工浸焊和自动浸焊两种形式。

1) 手工浸焊

手工浸焊是最早应用在电子产品批量生产中的焊接方式。手工浸焊是指由操作人员手持夹具，将已插好元器件、涂好助焊剂的印制电路板浸入锡槽中进行焊接。图 4-4 所示为浸焊机和浸焊焊接示意图。

手工浸焊操作过程如下：

① 锡槽准备。锡槽熔化焊锡的温度以 230～250 ℃ 为宜，但有些元器件和印制电路板较大，可将焊锡温度提高到 260 ℃ 左右。

② 涂敷焊剂。将插装好元器件的印制电路板浸渍松香助焊剂。

③ 浸锡。用夹具夹住印制电路板的边缘，在放入锡槽时尽量避免将印制电路板垂直浸入锡液，否则易造成"浮件"产生。正确的操作应是将印制电路板与锡液面呈 30° 斜角浸入，当印制电路板与锡液接触时，慢慢向前推动印制电路板，使印制电路板水平。浸入的深度以印制电路板厚度的 50%～70% 为宜，浸锡的时间为 3～5 s，浸焊完成后仍按原浸入的角度拉起。

（a）浸焊机

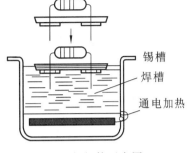

锡槽

焊槽

通电加热

（b）浸焊焊接示意图

图 4-4 浸焊机和浸焊焊接示意图

④ 冷却。刚焊接完成的印制电路板上有大量余热未散，如不及时冷却，可能会损坏印制电路板上的元器件，可采用风冷或其他方法降温。

⑤ 检查焊接质量。焊接后可能会出现连焊、虚焊、假焊等，可用手工焊接补焊。如果大部分未焊好，应检查原因，重复浸焊。但印制电路板只能浸焊两次，否则会造成印制电路板变形、铜箔脱落、元器件性能变差。

2）自动浸焊

自动浸焊是指把插装好元器件的印制电路板用专用夹具安装在传送带上，首先喷上泡沫焊剂，再用加热器烘干，然后放入熔化的锡锅进行浸锡，待锡冷却凝固后送到切脚机剪去过长的引脚。自动浸焊的工艺流程如图 4-5 所示。

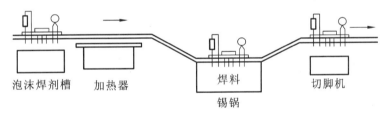

泡沫焊剂槽　　加热器　　　　　焊料　　　　　切脚机

锡锅

图 4-5 自动浸焊的工艺流程

3）浸焊的优缺点

① 优点。浸焊比手工焊接效率高，设备也比较简单。

② 缺点。由于锡槽内的焊锡表面是静止的，表面上的氧化物极易粘在被焊物的焊接处，从而造成虚焊；同时温度高，容易烫坏元器件，并导致印制电路板变形。所以，在现代的电子产品生产中已逐渐被波峰焊取代。

另外，浸焊时不需要焊接的焊点和部位，要用特制的阻焊膜（或胶布）贴住，防止不应焊的部位（如印制电路板的插头）挂上焊锡。

**2. 波峰焊**

波峰焊是指将熔化的软钎焊料经电动泵或电磁泵喷流成设计要求的焊料波峰（也可通过向焊料池注入氮气来形成），使置于传送链上的预先插装有元器件的印制电路板，以某一特定的角度及一定的浸入深度穿过焊料波峰而实现焊点焊接的过程。波峰焊是目前应用最广泛的一种自动焊接工艺。

1）波峰焊设备主要部分的作用

① 焊剂涂敷系统：将焊剂自动而高效地涂敷到印制电路板被焊面上。

② 预热系统：避免焊接时印制电路板急剧受热、助焊剂中溶剂挥发及激活助焊剂中的活性物质。

③ 焊料波峰发生器：产生波峰焊接工艺所要求的特定的液态焊料波峰。

④ 传送系统：使印制电路板能以某一角度和速度经过波峰，获得良好的焊接质量。

⑤ 强迫风冷装置：对印制电路板进行降温，从而减小热冲击。

⑥ 中央控制器：对系统各部件的工作进行协调和管理。

2）波峰焊设备操作使用要点

① 焊接温度。焊接温度是指喷嘴出口处焊料波峰的温度，一般控制在 230～250 ℃内。焊接温度过低会使焊点毛糙、拉尖、不光亮，甚至造成虚焊、假焊；焊接温度过高易使氧化加快，导致印制电路板变形，甚至烫坏元器件。焊接温度要根据印制电路板材质与尺寸、环境温度和传送带速度做相应调整。

② 按时清除锡渣。锡槽中锡料长时间与空气接触容易形成氧化物，氧化物积累多了会在泵的作用下随锡喷到印制电路板上，使焊点无光泽，造成渣孔和桥接等缺陷，所以要定时（一般为 4 h）清除氧化物。也可在熔融的焊料中加入防氧化剂，这样不但可防止氧化，还能将氧化物还原成锡。

③ 波峰的高度。波峰的高度最好调节到印制电路板厚度的 1/2～2/3。波峰过低会造成漏焊和挂锡；波峰过高会造成堆锡过多，甚至烫坏元器件。

④ 传送速度。传送速度一般控制在 0.3～1.2 m/s 内，依据具体情况决定。在冬季且印制电路板线条宽、元器件多、元器件热容量大时，传送速度可稍慢一些；反之，传送速度可快一些。传送速度过快，则焊接时间过短，易造成虚焊、假焊、漏焊、桥接、气泡等现象；传送速度过慢，则焊接时间过长，温度过高，易损坏印制电路板和元器件。

⑤ 传送角度。传送角度一般选为 5°～8°，根据印制电路板面积及所插元器件多少决定。

⑥ 成分分析。锡槽中的焊锡使用一段时间后，会使锡铅焊料中的杂质增加，影响焊接质量。一般 3 个月要化验分析一次焊锡成分，如果杂质超过了准许含量，应采取措施，甚至调换锡槽中的焊料。

印制电路板经波峰焊机焊接好以后，要剪去元器件焊点上多余的引线，电子企业在大批量生产中一般使用切脚机。经过焊接的印制电路板再经过切脚机剪脚后，就可以进入检测调试阶段了。

元器件引线切脚机及其工作示意图如图 4-6 所示。印制电路板被导轨送入切脚机，通过由电动机带动的高速旋转的盘状切刀，切掉过长的元器件引线，保留适当的焊点引线高度。切刀与印制电路板间的距离可以调节，用于决定板上保留的焊点引线高度。保留的焊点引线高度不能太低，否则会降低焊点的强度，焊点引线也不宜保留太长，残留的引线可能引起短路。

切脚后，需仔细检查，发现有漏焊的焊点要进行补焊，对于重量大的组合部件要手工加大焊点以保证强度。

采用波峰焊的印制电路板组件生产具体工艺流程如图 4-7 所示。其中，涂焊剂、干燥和预热、波峰焊、强迫风冷是在波峰焊设备内完成的。

图 4-6 元器件引线切脚机及其工作示意图

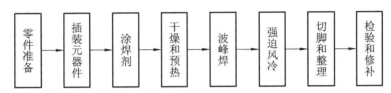

图 4-7 印制电路板生产(波峰焊)具体工艺流程

印制电路板焊接完成后,一般或多或少都会有焊剂残留物附着在基板上。这些残留物会对基板造成不良影响(如短路、漏电、腐蚀、接触不良等),所以要及时清洗板间残留的焊剂等污物。要求清洗材料对焊剂的残留物有较强的溶解和去污能力,并且对焊点没有腐蚀作用。目前普遍采用免清洗工艺技术。

### 3. 再流焊

再流焊也称回流焊,是 reflow soldering 的直译,是通过重新熔化预先分配到印制电路板焊盘上的膏状软钎焊料,实现表面组装元器件焊端或引脚与印制电路板焊盘之间机械与电气连接的软钎焊。再流焊是伴随微型化电子产品的出现而发展起来的锡焊技术,主要应用于各类表面组装元器件的焊接。

1) 再流焊的特点

与波峰焊相比,再流焊具有以下特点:

① 元器件不直接浸渍在熔融的焊料中,所以元器件受到的热冲击小。

② 能在前道工序里控制焊料的施加量,减少了虚焊、桥接等焊接缺陷,所以焊接质量好,焊点的一致性好,可靠性高。

③ 假如前道工序在印制电路板上施放焊料的位置正确而贴放元器件的位置有一定偏离,在再流焊过程中,当元器件的全部焊端、引脚及其相应的焊盘同时润湿时,由于熔融焊料表面张力的作用,会产生自定位效应,能够自动校正偏差,把元器件拉回到近似准确的位置。

④ 再流焊的焊料是商品化的焊膏,能够保证准确的组分,一般不会混入杂质。

⑤ 可以采用局部加热的热源,因此能在同一基板上采用不同的焊接方法进行焊接。

⑥ 工艺简单,返修的工作量很小。

2) 再流焊的基本工艺过程

再流焊的基本工艺过程如图 4-8 所示。

印制电路板由入口进入,到从出口出来完成焊接,整个再流焊过程一般需经过预热、保

图 4-8 再流焊的基本工艺过程

温干燥、回流和冷却四个阶段。

① 预热。当印制电路板进入预热阶段时,焊膏中的溶剂、气体蒸发。同时,焊膏中的焊剂润湿焊盘、元器件焊端和引线,焊膏软化、塌落、覆盖焊盘,将焊盘、元器件引线与氧气隔离。

② 保温干燥。当印制电路板进入保温干燥阶段时,印制电路板和元器件将得到充分的预热,以防突然进入焊接高温区而损坏印制电路板和元器件,同时焊膏中的助焊剂挥发。

③ 回流。当印制电路板进入回流阶段时,温度迅速上升使焊膏达到熔化状态,液态焊膏在印制电路板的焊盘、元器件焊端和引线润湿、扩散、漫流混合,形成焊膏接点。

④ 冷却。印制电路板进入冷却阶段,焊点凝固,此时完成再流焊。

3) 再流焊设备

(1) 再流焊设备类型。再流焊设备也称再流焊炉或再流焊机,可分为两大类。

① 对印制电路板整体加热。对印制电路板整体加热的再流焊机又可分为气相再流焊机、热板再流焊机、红外再流焊机、红外加热风再流焊机和全热风再流焊机。

② 对印制电路板局部加热。对印制电路板局部加热的再流焊机可分为激光再流焊机、聚焦红外再流焊机、光束再流焊机和热气流再流焊机。

目前比较流行和实用的再流焊机大多是红外再流焊机、红外加热风再流焊机和全热风再流焊机。

(2) 再流焊炉系统组成。

再流焊炉的结构主体是一个热源受控的隧道式炉膛,沿传送系统的运动方向设有若干独立控温的温区,这些温区通常设定为不同的温度。全热风对流再流焊炉一般采用上、下两层的双加热装置。印制电路板随传动机构直线匀速进入炉膛,顺序通过各个温区,完成焊点的焊接。

典型的全热风再流焊炉通常由几个温区组成,各温区配置了热风加热器。前几个温区的加热起保温作用,主要是为了使表面组装组件受热更均匀。

再流焊炉主要由加热系统、热风对流系统、传动系统、顶盖升起系统、冷却系统、氮气装备、焊剂回收系统、抽风系统、控制系统等几大部分组成,各部分具体功能如下:

a. 加热系统。加热系统主要用来提供稳定、可控的温度场,包括预热区、保温区和再流区。

b. 热风对流系统。目前使用最多的全热风再流焊炉,多采用热风强制冲击对流循环加热方式。

c. 传动系统。传动系统主要用来平稳传送印制电路板过再流焊炉膛。印制电路板传动系统通常有链传动、网传动和链传动加网传动三种。

d. 顶盖升起系统。顶盖升起系统进行上炉体启/闭的动作。拨动上炉体升降开关,由电动机带动升降杆完成启/闭动作。同时,蜂鸣器发出声响提醒操作人员注意,当碰到上、下限位开关时,启/闭动作停止。

e. 冷却系统。冷却系统在加热区后部,对完成加热的印制电路板进行快速冷却。再流焊有炉冷、空冷和水冷等冷却方式。

f. 氮气装备。对印制电路板在预热区、焊接区及冷却区进行全程氮气保护,可杜绝焊点及铜箔在高温下的氧化,增强熔化焊料的润湿能力,提高焊点质量。

氮气通过一个电磁阀分配给几个流量计,再由流量计将氮气分配给各区。氮气通过风机被吹到炉膛,保证氮气的流动均匀性。

在再流焊中使用惰性气体进行保护是传统工艺,并且这种工艺已得到较大范围的应用,一般都是选择氮气保护。

g. 焊剂回收系统。焊剂回收系统中设有蒸发器,炉膛内的焊剂气体通过上层风机排出,然后通过蒸发器冷却形成液体流到回收罐中。高效的焊剂收集措施可确保炉膛内及外部环境不受焊剂污染。

h. 抽风系统。抽风系统强制抽风,保证焊剂排放良好。

i. 控制系统。控制系统实现对加热系统、热风对流系统、传动系统、顶盖升起系统、冷却系统、氮气装备、焊剂回收系统、抽风系统等部分的电气控制和操作控制。

4) 再流焊工艺控制

在再流焊过程中,合理设置各温区的温度、轨道传输速度等参数,使炉膛内的焊接对象在传输过程中所经历的温度按理想的曲线规律变化,是保证再流焊效果与质量的关键。

印制电路板通过再流焊炉时,表面组装组件上某一点的温度随时间变化的曲线称为再流焊温度曲线,如图4-9所示。合适的温度曲线是根据所焊接印制电路板的特点(印制电路板的厚度、元件密度、元件种类)确定的,要通过试验设定。一般把升温速率、预热结束温度、预热时间、再流焊峰值温度、再流时间、板上温度的均匀性作为温度曲线的关键因素。

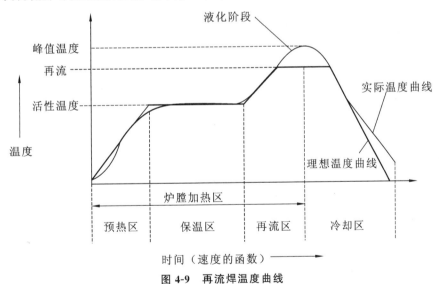

图4-9 再流焊温度曲线

温度曲线的测试是通过温度记录测试仪进行的。该仪器一般由多个热电偶与记录仪组成,几个热电偶分别固定在大小器件引线处、BGA芯片下部、印制电路板边缘等位置,连接记录仪,一起随印制电路板进入炉膛,记录时间-温度参数。在炉子的出口取出后,把参数输入计算机,然后用专用软件描绘出曲线,再进行分析。

① 预热区。该区域的目的是把室温的印制电路板尽快加热,但升温速率要控制在适当

范围以内。升温速率过快会产生热冲击,印制电路板和元件都可能受损;升温速率过慢则溶剂挥发不充分,影响焊接质量。由于加热速度较快,在保温区的后段表面组装组件内的温差较大。为防止热冲击对元件的损伤,一般规定最大升温速率为 4 ℃/s,通常升温速率设定为 1~3 ℃/s。

② 保温区。保温阶段的主要目的是使表面组装组件内各元件的温度趋于稳定,尽量减小温差。在这个区域里给予足够的时间,使较大元件的温度与较小元件相同,并保证焊膏中的焊剂得到充分挥发。保温区结束时,焊盘及元件引线上的氧化物在助焊剂的作用下被除去,整个印制电路板的温度也达到平衡。应注意的是,表面组装组件上所有元件在这一段结束时应具有相同的温度,否则进入再流区将会因为各部分温度不均产生各种不良焊接现象。

③ 再流区。当印制电路板进入再流区时,温度迅速上升使焊膏达到熔化状态。有铅焊膏 Sn63Pb37 的熔点是 183 ℃,无铅焊膏 Sn96.5Ag3.0Cu0.5 的熔点是 217 ℃。在这一区域里,加热器的温度设置得最高,使组件的温度快速上升至峰值温度。再流焊温度曲线的峰值温度通常是由焊锡的熔点温度、组装基板和元件的耐热温度决定的。在再流阶段,焊接峰值温度视所用焊膏的不同而不同,一般无铅焊膏峰值温度为 230~250 ℃,有铅焊膏峰值温度为 210~230 ℃。峰值温度过低易产生冷焊及致使润湿不够;峰值温度过高则易发生环氧树脂基板脱层及塑胶部分焦化,并导致脆的焊接点,影响焊接强度。再流时间不要过长,以防对表面组装组件造成不良影响。

④ 冷却区。在此阶段,温度冷却到固相温度以下,使焊点凝固。冷却速率将对焊点的强度产生影响。冷却速率过慢,将导致过量共晶金属化合物产生,以及在焊点处易发生大的晶粒结构,使焊点强度变低。冷却区冷却速率一般为 4 ℃/s 左右,冷却至 75 ℃ 即可。

5)再流焊缺陷分析

再流焊常见缺陷的名称、特征、形成原因及改进措施见表 4-2。

**表 4-2　再流焊常见缺陷的名称、特征、形成原因及改进措施**

| 名称 | 特征 | 形成原因 | 改进措施 |
|---|---|---|---|
| 虚焊 | 焊料与印制电路板焊盘或元件引线/焊端界面没有形成足够厚度的合金层,导电性能差,连接强度低,焊点失效,焊料与焊接面开裂 | 焊盘/元件表面氧化、被污染或焊接温度过低。<br>事实上,印制电路板制造工艺、焊膏、元件焊端或表面镀层及氧化情况都会导致虚焊 | 严格控制元件、印制电路板的原料质量,确保可焊性良好,改进工艺条件 |
| 立碑 | 元件一焊端翘起,与焊盘分离。<br>此缺陷只发生在片式阻容类(只有两个焊端)元件上 | 元件的一焊端比另一焊端先熔化和润湿,产生的表面张力把元件拉起。<br>元件两个焊盘大小不同,印制电路板的焊膏量不同,两端可焊性不同,都会引起此缺陷。元件越小,越容易产生此缺陷 | 从焊盘设计、焊膏印刷方面尽可能使两面热容量一样,确保再流焊时两边同时熔化和润湿 |

续表

| 名称 | 特征 | 形成原因 | 改进措施 |
|------|------|---------|---------|
| 桥接 | 相邻引线或焊端焊锡连通 | 元件贴放偏移超过焊接工艺间距或焊膏量过多 | 调整元件贴放位置;减少焊膏量 |
| 开路 | 引线或焊球与焊盘焊锡面有间隙 | 器件引线共面性差,个别焊盘或引线氧化严重 | 避免造成引线变形,同时严格控制引线的共面性;严格控制物料的可焊性 |
| 锡球 | 锡球尺寸很小(大多数锡球就是焊粉颗粒),数量较多,分布在焊盘周围 | 焊膏印刷时焊膏污染印制电路板,焊膏氧化,再流焊时预热升温速度太快 | 改进工艺条件,如频繁擦网、不使用残留焊膏、控制车间湿度、降低再流焊时的预热速度等 |
| 锡珠 | 分布在元件体周围非焊点处,尺寸比较大并黏附在元件体周围 | 形成于非常小的底部间隙元件周围,再流焊时,预热过程的热气将部分焊膏挤到元件体底部,再流时孤立的焊膏熔化从元件底部"跑出来",凝结成焊珠 | 改进设计,减小焊膏跑到元件体底部的可能;降低预热升温速率;使用高金属含量的焊膏等 |

## 三、安装基本知识

### 1. 元器件布设原则

元器件布设决定了板面的整齐美观程度和印制导线的长度,也在一定程度上影响着整机的可靠性。元器件布设应遵循以下原则:

(1)元器件在整个板面疏密一致、布设均匀。

(2)元件安装高度尽量矮,以提高稳定性和防止相邻元件碰撞。

(3)元器件不要占满板面,四周留边,便于安装固定。

(4)元器件布设在板的一面,每个引脚单独占用一个焊盘。

(5)元器件的布设不可上下交叉,相邻元器件保持一定间距,并留出安全电压间隙220 V/mm。

(6)根据在整机中安装状态确定元器件轴向位置。为提高元器件在板上的稳定性,使元器件轴向在整机内处于竖立状态。

(7)元件两端跨距应稍大于元件轴向尺寸,弯脚对应留出距离,防止齐根弯曲损坏器件。

### 2. 电子产品安装注意事项

(1)元器件之间或印制电路板与外电路之间的连接导线最好选用不同的颜色,以便区分与维修,如电源导线采用红色,地导线采用黑色等。

(2)印制电路板的对外焊点尽可能引在板的边缘,并按一定尺寸排列,以利于焊接维修,避免因整机内部乱线而导致整机可靠性降低。

（3）体积大、质量重的大型元器件一般最好不要安装在印制电路板上。对于必须安装在印制电路板上的大型元器件，焊装时应采取固定措施，否则长期振动，引线极易折断。

（4）元器件上的接线需要绝缘时，要套上绝缘管，并且要套到底。

（5）无论是哪一种元器件，均应将表明元器件数值的一面朝外，以便于辨认，方便维修与检测。

# ◀ 任务三　电子产品整机装配 ▶

## 一、电子产品整机装配技术要求

整机装配就是将机柜、设备、组件及零部件按预定的设计要求装配在机箱、车厢、平台中，再用导线进行电气连接，是电子产品生产中一个重要的工艺过程。

**1. 整机装配的顺序**

电子产品的整机装配有多道工序，这些工序的完成顺序是否合理直接影响电子产品的装配质量、生产效率和操作者的劳动强度。电子产品整机装配的基本顺序为：先轻后重、先小后大、先铆后装、先装后焊、先里后外、先平后高。上道工序不得影响下道工序。

**2. 整机装配的基本要求**

电子产品的整机装配是把半成品装配成合格产品的过程。对电子产品整机装配的基本要求如下：

（1）整机装配前，对组成整机的有关零部件或组件必须经过调试、检验，不合格的零部件或组件不允许投入生产线，检验合格的装配件必须保持清洁。

（2）装配时要根据整机的结构情况，应用合理的安装工艺及经济、高效、先进的装配技术，使电子产品达到预期的效果，满足电子产品在功能、技术指标和经济指标等方面的要求。

（3）严格遵循电子产品整机装配的顺序要求，注意前后工序的衔接。

（4）装配过程中，不得损伤元器件和零部件，避免碰伤机壳、元器件和零部件的表面涂敷层，不得破坏整机的绝缘性；保证安装件的方向、位置和极性正确，保证电子产品的电性能稳定，并有足够的机械强度和稳定度。

（5）小型及大批量生产的电子产品，整机装配在流水线上按工位进行。每个工位除按工艺要求操作外，要求操作人员熟悉安装要求，熟练掌握安装技术，保证电子产品的安装质量，严格执行自检、互检与专职调试检查的"三检"原则。装配中每个阶段的工作完成后都应进行检查，分段把好质量关，从而提高电子产品的一次通过率。

## 二、电子产品整机装配的工艺流程

电子产品的整机装配也称为电子产品的总装，是电子产品制作过程中的重要环节。

电子产品的总装包括机械和电气两大部分工作。具体来说，电子产品的总装就是将构成整机的各零部件、插装件及单元功能整件（如各机电元件、印制电路板、底座及面板等），按照设计要求进行装配、连接,组成一个具有一定功能的、完整的电子整机产品的过程,以便于进行整机调整和测试。

总装的连接方式可归纳为两类:一类是可拆卸连接,即拆散时不会损伤任何零件,包括螺钉连接、柱销连接、夹紧连接等;另一类是不可拆卸连接,即拆散时会损坏零件或材料,包括锡焊连接、胶接、铆钉连接等。

总装的装配方式以整机结构来分有整机装配和组合件装配两种。对整机装配来说,整机是一个独立的整体,它把零件、部件、整件通过各种连接方法安装在一起,组成一个不可分的整体,具有独立工作的功能,如收音机、电视机、信号发生器等。而对组合件装配来说,整机则是若干个组合件的组合体,每个组合件都具有一定的功能,而且随时可以拆卸,如大型控制台、插件式仪器、计算机等。

**1. 电子产品装配的分级**

电子产品装配是电子产品生产过程中一个极其重要的环节。通常会根据所需装配电子产品的特点、复杂程度的不同将电子产品的装配分为不同的组装级别。

(1)元件级组装(第一级组装)。电路元器件、集成电路的组装是组装中的最低级别,特点是结构不可分割。

(2)插件级组装(第二级组装)。它是指组装和互连装有元器件的印制电路板或插件板等。

(3)系统级组装(第三级组装)。它是指插件级组装件通过连接器、电线电缆等组装成具有一定功能的完整的电子产品。

在电子产品装配过程中,先进行元件级组装,再进行插件级组装,最后进行系统级组装。在较简单的电子产品装配中,可以把第二级组装和第三级组装合并完成。

**2. 电子产品装配的具体工序**

电子产品装配的工艺流程因设备的种类、规模不同而有所不同,但基本工序并没有什么变化,大致可分为装配准备、装联、整机调试、总装检验、包装、入库或出厂等几个阶段,据此就可以制定出制造电子设备最有效的工序。一般整机装配工艺具体操作流程如图4-10所示。

1)装配准备

在电子产品总装之前,应对装配过程中所需的各种装配件(如具有一定功能的印制电路板等)和紧固件等从数量的配套和质量的合格两个方面进行检查与准备,并准备好整机装配与调试中的各种工艺、技术文件以及装配所需的仪器设备。

2)装联

装联包括印制电路板装配、机座面板装配、导线束制作及布线接线、总装等几个部分。装联是先将元器件正确地插装、焊接在印制电路板上,同时将导线加工成符合要求的线束,再将装配好的印制电路板和导线进行机座装配及连线,最后进行产品总装,即将质量合格的各种零部件,通过螺钉连接、胶接、锡焊连接、插接等手段,安装在规定的位置上。

3)整机调试

调试分为调试仪器设备的准备、制定合理的调试方案、整机调试等过程。整机调试包括调整和测试两部分工作,即对整机内可调部分(如可调元器件及机械传动部分)进行调整,并对整机的电性能进行测试。各类电子整机在装配完成后进行电路性能指标的初步调试,调

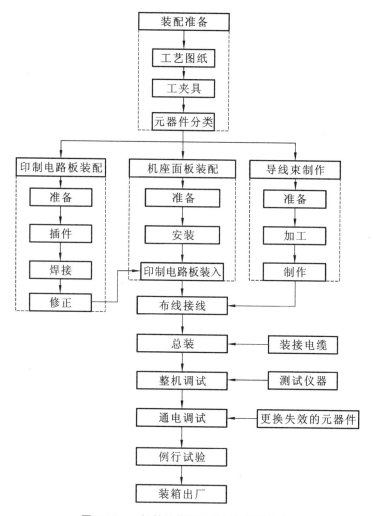

图 4-10　一般整机装配工艺具体操作流程

试合格后再把面板、机壳等部件进行合拢总装。

4）总装检验

电子产品调试之后，要根据电子产品的设计技术要求和工艺要求进行必要的检验，然后才能出厂投入使用。

装配过程中的电子产品检验包括通电调试、更换失效的元器件及例行试验等过程。

检验的目的是在电子产品总装调试完毕后，对每一件电子产品通电检验，以发现并排除早期失效的元器件，提高电子产品工作的可靠性。

整机检验应按照电子产品的技术文件要求进行。整机检验的内容包括检验整机的各种电气性能、机械性能和外观等。整机检验通常按以下几个步骤进行：

① 对总装的各种零部件的检验。检验应按规定的有关标准进行，排除废、次品，做到不合格的材料和零部件不投入使用。这部分的检验是由专职检验人员完成的。

② 工序间的检验。后一道工序的工人检验前一道工序工人加工的产品质量，不合格的产品不得流入下一道工序。

工序间的检验点通常设置在生产过程中的一些关键工位或易波动的工位上。在整机装配生产中,每一个工位或几个工位后都要设置检验点,以保证各个工序生产出来的产品均为合格的产品。工序间的检验一般由生产车间的工人进行互检完成。

③ 电子产品的综合检验。电子整机产品全部装配完之后进行全面的检验。一般先由车间检验员对产品进行电气、机械方面全面综合的检验,挑出其认为合格的产品,再由专职检验员按比例进行抽样检验,全部检验合格后,电子整机产品才能进行包装、入库。

5)包装

经过前述几个过程后,达到产品技术指标要求的电子整机产品就可以包装了。包装是电子整机产品总装过程中起保护产品、美化产品及促进销售作用的重要环节。电子总装产品的包装通常着重于方便运输和储存两个方面。

6)入库或出厂

合格的电子整机产品经过合格的包装,就可以入库储存或直接出厂运往需求部门,从而完成整个总装过程。

总装工艺流程的先后顺序有时可以做适当变动,但必须符合以下两点要求:

① 使上、下道工序装配顺序合理且加工方便。

② 使总装过程中的元器件损耗最小。

由于电子产品的复杂程度、设备场地条件、生产数量、技术力量及操作工人技术水平等情况的不同,生产的组织形式和工序要根据实际情况有所变化。例如,样机生产可按工艺流程主要工序进行;若大批量生产,则装配工艺流程中的印制电路板装配、机座面板装配及导线束制作等几个工序可并列进行。在实际操作中要根据生产人数、装配人员的技术水平来编制最有利于现场指导的工序。

# ◆ 任务四　电子产品整机调试与检验 ▶

## 一、电子产品调试工艺

电子产品的调试包括两个工作阶段的内容:研制阶段的调试和生产阶段的调试。前者往往与电路的原理性设计同时进行,是对设计方案的验证性试验,是设计印制电路板的前提条件。电子整机产品的调试是生产过程中的工序之一,安排在印制电路板装配后进行。两者都包括调整和测试两个方面,即用测试仪表测量并调整各个单元电路的参数,使其符合预定的性能指标要求后,再对整个产品进行系统测试。

电子产品整机调试与检验流程如图4-11所示。

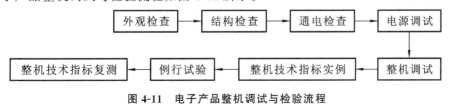

图4-11　电子产品整机调试与检验流程

**1. 调试工艺要求**

为保证电子产品的调试质量,在确保产品调试工艺文件完整的基础上,对调试工作的要求如下:

1)对调试人员的要求

① 熟悉被调试产品的各个部件和整机的电路工作原理,了解它的性能指标要求和使用条件。

② 正确、合理地选择测试仪表,熟练掌握这些仪表的性能指标和使用环境要求。

③ 学会测试方法和数据处理方法。

④ 熟悉调试过程中对于故障的查找和排除方法。

⑤ 合理地组织、安排调试工序,并严格遵守安全操作规程。

2)对环境的要求

① 调试场地应整齐清洁,避免高频电压电磁场干扰。

② 调试高频电路时应在屏蔽室内进行,调试大型整机的高压部分时应在调试场地周围挂上"高压"警告牌。

3)仪器仪表的放置与使用

① 根据工艺文件要求准备好测试所需的各类仪器设备,核查仪器的计量有效期、测试精度及测试范围等。

② 仪器仪表的放置应符合调试工作的要求。

4)技术文件和工装准备

① 调试前应准备好产品的技术说明书、电路原理图、检修图和工艺过程指导卡等技术文件。

② 大批量生产的产品应根据技术文件要求准备好各种工装夹具。

5)被测件的准备

① 调试前必须检查调试电路是否正确安装、连接,有无短路、虚焊、错焊等现象。

② 检查元器件的好坏及性能指标。

6)通电调试要求

① 通电前应检查直流电源极性是否正确、电压数值是否合适,还要注意不同类电子产品的通电顺序。

② 通电后,应观察整机内有无放电、打火、冒烟等现象,有无异常气味,各种调试仪器指示是否正常,一旦发现异常应立即按顺序断电。

**2. 调试的目的和原则**

1)调试的目的

① 经过初步调试,使电子电路处于正常工作状态。

② 调整元器件的参数及装配工艺分布参数,使电子电路处于最佳工作状态。

③ 在设计和元器件允许的条件下,改变内部、外部因素,以检验电子电路的稳定性和可靠性,即所谓的"考机"。

2)调试的原则

调试的一般原则是先静态调试后动态调试。

静态调试是在电子电路未加输入信号的直流工作状态下测试和调整电子电路的静态工作点与静态技术性能指标。

动态调试是在对电子电路输入适当信号的工作状态下测试和调整电子电路的动态指标。动态调试是在静态调试的基础上进行的,调试的关键是对实测的数据、波形和现象进行分析与判断,发现电子电路中存在的问题和异常现象,并采取有效措施进行处理,使电子电路技术性能指标满足预定要求。这需要调试人员具备一定的理论知识和调试经验。

**3. 调试工艺方案**

调试工艺方案是指一整套适用于调试某产品的具体内容与项目、步骤与方法、测试条件与测试仪表、有关注意事项与安全操作规程,同时还包括调试的工时定额、数据资料的记录表格、签署格式与送交手续等。

不同产品的调试工艺方案是不同的,但制定调试工艺方案的原则具有以下共性:

1)抓住调试中的关键环节

调试工艺方案的制定决定了电子产品的调试质量,对调试工作的效率也有很大影响。要使调试工作的质量好、效率高,就应该在制定调试工艺方案时抓住调试中的关键环节,即必须对影响电子产品性能的主要元器件和零部件进行细致的调试,找出其影响电子产品性能的规律及允许其参数变动的范围。因此,在制定调试工艺方案之前,必须深入了解电子产品及其各部分的工作原理、性能指标,发现影响电子产品的关键元器件。

2)需要细致调试的其他部分

除了关键元器件外,电子产品的以下部分也应该作为重点进行比较细致的调试:

① 对其工作原理和具体性能一定要通过调试才能充分了解的部分。例如,某些新型元器件,只有通过反复调试,才能摸清其规律特点,掌握其变化规律。

② 电路设计可能未留有充分余地的部分。由于元器件的参数具有离散性,应该在电路设计时考虑允许关键元器件参数的变动范围适当加宽,在样机调试中,也应该在较大的范围内变动这些元器件的参数以进行试验。

③ 各部件之间相互连接的部分。需要注意各部件之间的相互影响。

④ 调试中可能发生反常现象的部分。

**4. 整机产品调试步骤**

整机产品调试步骤应该在调试工艺文件中做出明确、细致的规定,使操作者容易理解并遵照执行。整机产品调试的大致步骤如下:

(1)在整机通电调试之前,各部件应该先通过装配检验和分别调试。

(2)检查确认产品的供电系统(如电源电路)的开关处于"关"的位置,用万用表等仪表判断并确认电源输入端无短路或输入阻抗正常,然后顺序接上地线和电源线,插好电源插头,打开电源开关通电。接通电源后,要观察电源指示灯是否点亮,注意有无异样气味,产品中是否有冒烟的现象;对于低压直流供电的产品,可以用手来摸测有无温度超常。若有上述现象,则说明产品内部电路存在短路,必须立即断电检查故障。如果看起来正常,可以用万用表或示波器检查供电系统的电压和纹波系数。

(3)按照电路的功能模块,在调试方便的前提下,从前往后或者从后往前依次将它们接入电源,分别测量各电路(或电路各级)的工作点和其他工作状态。

（4）如果是大批量生产的产品，应该为产品的调试制作专用工装，从而大幅提高测试工作效率。

（5）在进行上述测试时，可能需要对某些元器件的参数做出调整。调整参数的方法一般有以下两种：

① 选择法：通过替换元件来选择合适的电路参数。

② 调节可调元件法：调节电路中装有的电位器、微调电容器或微调电感器等可调元件。

（6）各级或各块电路调试完成后，将它们连接起来，测试其相互之间的影响，排除影响性能的不利因素。

（7）若调试高频部件，则要采取屏蔽措施，防止工业干扰或其他强电磁场的干扰。

（8）测试整机的消耗电流和功率。

（9）对整机的其他性能指标进行测试。

（10）对产品进行老化和环境试验。

# 二、调试过程中的故障查找及处理

在生产过程中，直接通过装配调试、一次合格的产品在批量生产中所占的比例称为直通率。直通率是考核产品设计、生产、工艺及管理质量的重要指标。

在整机生产装配的过程中，经过层层检查、严格把关，可以大大减少整机调试中出现的故障。尽管如此，产品装配好以后，往往并不全是一通电就能正常工作的，由于元器件和工艺等影响，会遗留一些有待在调试中排除的故障，因此检修、复测也是调试工作之一。故障的排除是难度较大的工作，从事此项工作的人员既要有理论知识又要有实践能力，需要对电路非常熟悉并具有一定的经验。

### 1. 电子产品故障分类

电子产品的故障分为两类，一类是刚刚装配好而尚未通电调试的故障，另一类是正常工作一段时间后出现的故障。它们在检修方法上略有不同，但基本原则是一样的，因此对这两类故障不做区分。另外，由于电子产品的种类、型号和电路结构各不相同，故障现象又多种多样，这里只介绍一般性的检修程序和基本检修方法。

电子产品在生产完成后的整个工作过程可以分为以下三个阶段：

（1）早期失效期。早期失效期指电子产品生产合格后投入使用的前几周。在此期间，电子产品的故障率比较高。可以通过对电子产品的老化来解决这一问题，即加速电子产品的早期老化，使早期失效发生在电子产品出厂之前。

（2）老化期。老化期指经过早期失效期后，电子产品处于相对稳定的状态。在此期间，电子产品的故障率比较低，出现的故障一般称为偶然故障。这一期间的长短与电子产品的设计使用寿命有关，以平均无故障工作时间作为衡量的指标。

（3）衰老期。电子产品经老化期后进入衰老期。在此期间，故障率会不断持续上升，直至电子产品失效。

### 2. 引起故障的原因

总体来说，电子产品的故障一般都是由元器件、线路和装配工艺三方面的因素引起的。常见的故障大致有以下几种：

（1）焊接工艺不好，虚焊造成焊点接触不良。

（2）由于空气潮湿，元器件受潮、发霉，或绝缘能力降低甚至损坏。

（3）元器件筛选检查不严格或由于使用不当、超负荷而失效。

（4）开关或接插件接触不良。

（5）可调元器件的调整端接触不良，造成开路或噪声增加。

（6）连接导线接错、漏焊或由于机械损伤、化学腐蚀而断路。

（7）由于印制电路板排布不当，元器件相碰而短路；焊接连接导线时剥皮过多或因外皮受热后回缩，与其他元器件或机壳相碰引起短路。

（8）因为某些原因造成电子产品原先调谐好的电路严重失调。

（9）电路设计不完善，允许元器件参数的变动范围过窄，以至于元器件的参数稍有变化，电路就不能正常工作。

（10）用橡胶或塑料材料制造的结构部件老化而引起元器件损坏。

上述电子产品的常见故障就是电子产品的薄弱环节，是查找故障时的重点。但电子产品的任何部分发生故障都会导致其不能正常工作。应按照一般程序，采取逐步缩小范围的方法，根据电路原理进行分段检测，使故障点局限在某一部分（部件—单元—具体电路），再进行详细检查，并加以排除。

**3. 电子产品故障排除的一般程序**

（1）查看调试故障记录，分析引起故障的原因。

（2）针对故障对整机进行检查，查找故障点，做出正确的判断。

（3）拆除损坏的部件或元器件，对拆除部分或元器件进行测试，确认损坏后进行更换。

（4）故障排除后再对电路进行全面的调试，写出维修检测报告。

**4. 故障排除方法**

故障排除的方法很多，实际工作中总结出的常用电子产品故障排除方法如下：

（1）目测法。对于有故障的电子产品，首先采用不通电的方法进行观察。打开电子产品外壳直接观察，查找部件连接之间是否存在问题。使用万用表电阻挡检查整机的绝缘状况、连接线有无断线、是否有虚焊、元器件是否有损坏、熔断器是否完好等。

（2）通电测试法。目测法没有发现问题，可再采用通电测试法。接通电源，进行观察，检查是否有冒烟、烧焦的气味，是否有异常的声音，器件是否有发热的物理现象，这就是常说的"看、闻、听、摸"。出现这些现象要切断电源进行检修。没有这些问题时，使用万用表依次对整机电源、连接部分各端电压进行测试，先直流后交流，对印制电路板上各级输出信号幅值进行测试，检查是否符合标准值。

（3）波形观测法。用示波器观察电路中各级输入、输出信号波形是否正常，特别是对直流电源、数字电路、波形变换电路等非常适用。

（4）部件替代法。一种故障产生的原因很多，经过测试认定某一部分或某个元器件有问题，可以采用替代的方法进行修复。如果是以接插件方式连接部件，此法更为方便。

（5）对比法。检修时选择一台正常运行的整机与待修的整机进行比较，逐点对应测试，将待修的整机中有问题的部分换到正常运行的整机上运行，以此来确定故障点。

（6）分隔测试法。将整机分成多个相对独立的单元，逐级检测判断，每级检测无故障后接下一级电路,直至查出故障。

# 三、电子产品的检验

检验是电子产品生产过程中的必要工序,是保证电子产品质量的必要手段。

在市场竞争日益激烈的今天,电子产品的质量是企业的生命和灵魂。检验是把好电子产品质量关的重要工序,它贯穿于电子产品的整个生产过程。

电子产品的检验是利用一定的技术手段,按整机技术要求规定的内容对电子产品进行观察和测量,测定电子产品的质量特征,与国家标准、行业标准、企业标准或买卖双方制定的技术协议等公认的质量标准进行比较,然后判定电子产品是否合格。

## 1. 电子产品检验的目的

电子产品检验的目的是:保证消费者、使用者的人身及财产安全;保证电子产品自身的正常工作及周边相关的电气电子产品的正常工作。

## 2. 电子产品检验形式的分类

电子产品检验形式可按不同情况进行如下分类:

**1)按检验样品**

① 全数检验。对应检验的产品和零部件进行逐件全部检验,一般只对可靠性要求特别高的产品(如军品)、试验产品,以及在生产条件、生产工艺改变后生产的产品进行全数检验。

② 抽样检验。对应检验的产品和零部件,按标准规定的抽样方案抽取一定样本数进行检验、判定。

③ 免检。对经国家权威部门产品质量认证合格的产品在买入时无试验、检验,接收与否可以以供应方的合格证或检验数据作为依据。

**2)按生产程序**

① 进货检验。进货检验是对外购原材料、外协件和配套件的入厂检验。

② 工序检验。工序检验是产品加工过程中,每道工序完工后或数道工序完工后的检验。

③ 成品检验。成品检验是完成本车间全部加工或装配程序后,对半成品或部件的检验,以及电子产品生产企业对成品(整机)的检验。

**3)按检验性质**

① 非破坏性检验。经检验后不降低该产品价值的检验是非破坏性检验。

② 破坏性检验。经检验后无法使用或降低该产品价值的检验是破坏性检验。

**4)按检验人员**

① 专职检验。专职检验是由专职检验人员进行的检验,一般为部件、成品(整机)的后道工序。

② 自检。自检是操作人员根据本工序工艺指导卡的要求,对自己所装的元器件和零部件的装接质量进行检验,或由班组长、班组质量员对本班组加工的产品进行检验。

③ 互检。互检是同工序工人相互检验或下道工序对上道工序的检验。

**5)按检验地点**

① 固定检验。固定检验是把产品、零件送到固定的检验地点进行的检验。

② 巡回检验。巡回检验是在产品加工或装配工作现场进行的检验。

**3. 电子产品检验工艺规范**

为保证各项检验工艺的顺利实施,需要制定各项检验工艺规范。电子产品检验工艺规范主要包括以下内容:

(1) 检验项目:根据设计文件和工艺文件标准等文件及资料的要求制定。

(2) 技术要求:根据确定的检验项目对应制定检验的技术要求。

(3) 检验方法:按照规定的环境条件、测量仪器、工具和设备条件,对规定的技术指标按照规定的测量方法进行检验。

(4) 检验方式:全数检验和抽样检验。

(5) 缺陷分类:重缺陷和轻缺陷。

(6) 缺陷判据:相应国家标准或行业标准。

**4. 电子产品检验工艺流程**

电子产品的检验工艺一般可分为入库检验、生产过程检验和整机检验三个部分。

1) 入库检验

元器件、原材料入库检验又称为来料检验(IQC),是保证产品生产质量的重要前提。产品生产所需的原材料、元器件与零部件等有的本身可能就不合格,有的在包装、存放、运输过程中有可能会出现损坏和变质等问题。因此,这些材料在进厂入库前应按产品技术条件、技术协议或订货合同进行外观检验或有关性能指标的测试,检验合格后方可入库。判定为不合格的材料不能使用,并进行严格隔离,以免产生混料现象。

另外,有些电子元器件,如晶体管、集成电路及部分阻容元器件等,在装接前还要进行老化筛选,老化筛选在入库检验合格的元器件中进行。

元器件、原材料入库检验工作要做好检验记录,填写好检验报告。合格的元器件、原材料做好标志并送入仓库,由仓库根据生产任务单发料,车间根据生产任务单领料。

2) 生产过程检验

在使用检验合格的元器件、原材料、外协件进行部件组装、整机装配的过程中,可能因操作人员的技能水平、质量意识及装配工艺、设备、工装等因素的影响,组装后的部件、整机有时不能完全符合质量要求。因此,对生产过程中的各道工序都应进行检验,并采用操作人员自检、生产班组互检和专职人员检验相结合的方式。

3) 整机检验

整机检验也称成品检验,是检查产品经过总装、调试之后是否达到预定功能要求和技术指标的过程。整机检验主要包括直观检验、功能检验、主要性能指标的测试、出厂检验等内容。

① 直观检验。直观检验的内容包括:电子产品是否整洁;面板、机壳表面的涂敷层及装饰件、标志、铭牌等是否齐全,有无损伤;电子产品的各种连接装置是否完好;各金属件有无锈斑;结构件有无变形、断裂;表面丝印、字迹是否完整清晰;量程覆盖是否符合要求;转动机构是否灵活;控制开关是否到位等。

② 功能检验。对产品设计所要求的各项功能进行检查。不同的产品有不同的检验内容和要求。

③ 主要性能指标的测试。通过使用符合规定精度的仪器和设备测量电子产品的技术指标,判断电子产品是否达到了国家或行业技术标准。现行国家标准规定了各种电子整机产品的基本参数及测量方法,检验中一般只对其主要性能指标进行测试。

④ 出厂检验。出厂检验是产品在出货前进行的检验,一般采用抽样检验方式,大多只检验某些项目,如外观检验、性能检验、特定项目检验、包装检验等。

## 四、电子整机产品的老化和环境试验

为保证电子整机产品的生产质量,通常在装配、调试和检验完成之后,还要进行整机的通电老化。同时,为了论证产品的设计质量、材料质量和生产过程质量,需要定期对产品进行环境试验。虽然老化和环境试验都属于试验的范畴,但它们有以下几点区别:

(1) 老化通常在一般使用条件(如室温)下进行,环境试验却要在模拟的极限环境条件下进行。所以,老化属于非破坏性试验,而环境试验往往会使受试产品受到损伤。

(2) 通常每件产品在出厂之前都要经过老化,而环境试验只对少量产品进行。例如,新产品通过设计鉴定或生产鉴定时要对样机进行环境试验,当生产过程(工艺、设备、材料、条件)发生较大改变,需要对生产技术和管理制度进行检查评判、对同类产品进行质量评比时,都应该对随机抽样的产品进行环境试验。

(3) 老化是企业的常规工序;环境试验一般要委托权威的质量认证部门,使用专门的设备才能进行,需要对试验结果出具证明文件。

### 1. 电子整机产品的老化

电子整机产品在装配、调试和检验完成后进行通电老化,老化能使产品的缺陷在出厂前暴露,如焊点的可靠性不足,产品的设计、材料和工艺方面的各种缺陷。老化的目的是使产品进入性能稳定区间后再出厂,以减小返修率。

1) 老化条件的确定

电子整机产品的老化全部在接通电源的情况下进行。老化的主要条件是时间和温度,根据不同情况,通常可以在室温下选择 8 h、24 h、48 h、72 h 或 168 h 的连续老化时间;有时采取提高室内温度(密封老化室,让产品自身的工作热量不容易散发,或者增加电热装置),甚至把产品放入恒温的试验箱的办法,缩短老化时间。

在老化时,应该密切注意产品的工作状态,如果发现个别产品出现异常情况,要立即使它退出通电老化。

2) 静态老化和动态老化

在老化电子整机产品时,只接通电源,没有向产品输入工作信号,这种状态称为静态老化;同时还向产品输入工作信号,这种状态称为动态老化。以电视机为例,静态老化时显像管上只有光栅,而动态老化时由天线输入端送入信号,屏幕上显示图像,扬声器中发出声音。又如,计算机在静态老化时只接通电源,不运行程序;而在动态老化时要持续运行测试程序。显然,动态老化较静态老化更为有效。

### 2. 电子整机产品的环境试验

环境试验一般根据仪器仪表的工作环境确定具体所要试验的内容,并按照国家规定的方法进行。环境试验一般只能对小部分产品进行。常见的环境试验内容及方法如下:

1）温度试验

温度试验用于检查温度环境对仪器仪表产生的影响,确定仪器仪表在高温和低温的条件下工作与储存的适应性。它包括温度负荷试验(高温和低温)、温度储存试验(高温和低温)。

高温试验用来检查高温环境对仪器仪表的影响,确定仪器仪表在高温的条件下工作和储存时的适应性。它包括高温负荷试验与高温储存试验。

低温试验用来检查低温环境对仪器仪表的影响,确定仪器仪表在低温的条件下工作和储存的适应性。它包括低温负荷试验和低温储存试验。

温度负荷试验是将样品置于不通电、不包装和正常工作位置的状态下,把仪器仪表放入温度试验箱内,进行额定使用的上、下限工作温度的试验。

2）振动和冲击试验

振动试验用于检查仪器仪表经受振动时的稳定性。它的方法是将样品固定放在振动台上,在模拟的固定频率(50 Hz)、变频(5 Hz～2 kHz)等各种振动的环境下进行试验。在一定的频率范围内进行一次循环结束以后,按规定进行检验。例如,氧化锆氧气含量分析仪就必须避免振动与冲击。实验表明,氧化锆探头内部锆管极易因受振动而损坏,而一旦氧化锆探头内部锆管损坏,氧化锆氧气含量分析仪就不能再工作了。

冲击试验用来检查仪器仪表经受非重复机械冲击时的适应性。它的方法是将样品固定在试验台上,并用一定的加速度和频率分别在样品的不同方向冲击若干次。冲击试验后检查样品主要技术指标是否符合要求、有无机械损伤。

3）运输试验

运输试验用于检查仪器仪表对包装、储存、运输等条件的适应能力。运输试验将样品固定在试验台上进行,也可以装在载重汽车上运行。

 ## 思考与练习

**一、填空题**

1. 印制电路板的设计要求主要有 _____ 、_____ 、_____ 、_____ 。

2. 手工焊接的基本步骤为 _____ 、_____ 、_____ 、_____ 、_____ 。

3. 电子产品的故障排除方法有 _____ 、_____ 、_____ 、_____ 、_____ 。

**二、简答题**

1. 制作印制电路板的基本环节有哪些?

2. 焊点缺陷有哪些?

3. 电子产品常见故障及原因有哪些?

# 项目五
## 电工技术实训

电工技术实训是根据电工知识所进行的实训操作。通过本项目的学习,学生应能够学会室内照明、小型配电箱配线以及电动机基本控制线路的安装,在实训过程中学会正确使用常用的电工工具及仪表,能够按照标准的工艺流程及操作工艺进行配线,会看装配图、原理图,并能进行简单调试,具备常见故障分析和排除的能力。

◀ **学习目标**

了解室内配线的方式与基本要求。

掌握室内配线的线路检查与故障排除的方法。

了解配电箱的作用与分类。

能够正确使用常用的配电电器。

能够进行电动机基本控制线路安装。

## ◀ 任务一　室内配线 ▶

### 一、照明电路的符号、原理图和接线图

**1. 照明电路的符号**

一般家庭照明电路比较简单,所涉及的元器件有空气开关、开关、照明灯、插座等,它们的图形符号和文字符号如图 5-1 所示。

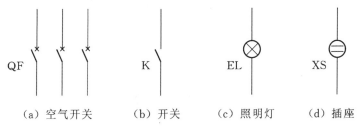

（a）空气开关　　（b）开关　　（c）照明灯　　（d）插座

**图 5-1　照明电路元器件的图形符号和文字符号**

空气开关可用来分配电能、不频繁地启动电动机、对供电线路及电动机等进行保护,当它们发生严重的过载、短路及欠电压等故障时能自动切断电路,而且在分断故障电流后一般不需要更换零件,因而获得了广泛应用。低压断路器按用途分为配电（照明）、限流、灭磁、漏电保护等几种;按动作时间分为一般型和快速型;按结构分为框架式（万能式 DW 系列）和塑料外壳式（装置式 DZ 系列）。

**2. 照明电路的原理图**

照明电路的原理图并不按元器件的实际位置来绘制,而是根据工作原理绘制的。在原理图中,一般根据各个元器件在电路中所起的作用,将其画在不同的位置上,而不受实物位置所限。有些不影响电路工作的元器件,如插件、接线端子等,大多可略去不画。原理图中所表示的状态,除特别说明外,一般是按未得电时的状态画出的。

下面以某房间照明线路原理图（见图 5-2）为例来说明在绘制电气原理图时一般应遵循的原则。

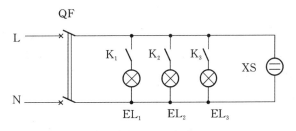

**图 5-2　某房间照明线路原理图**

（1）图中各元器件的图形符号和文字符号均应符合最新国家标准,当标准中给出几种

形式时,选择图形符号应遵循以下原则:

① 尽可能采用优选形式。

② 在满足需要的前提下,尽量采用最简单的形式。

③ 在同一图号的图中使用同一种形式的图形符号和文字符号。如果采用标准中未规定的图形符号或文字符号,必须加以说明。

(2)图中所有电气开关和触点的状态,均以线圈未得电、手柄置于零位、无外力作用或初始状态画出。

(3)图中的连接线、设备或元器件的图形符号的轮廓线都应使用实线绘制。

**3. 照明电路的接线图**

下面以某房间照明线路接线图(见图 5-3)为例来说明在绘制接线图时一般应遵循的原则。

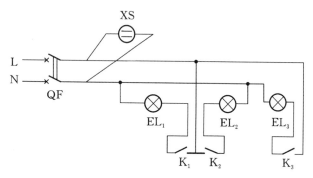

图 5-3　某房间照明线路接线图

(1)接线图应表示出各元器件的实际位置。

(2)接线图中元器件的图形符号和文字符号应与原理图一致,以便对照查找。

# 二、室内配线的基本要求和施工工序

## (一)室内配线的基本要求

### 1. 配线方式

根据敷设方式的不同,通常可将室内配线分为明敷设和暗敷设两种。明敷设指的是将绝缘导线直接敷设于墙壁、顶棚的表面及桁架、支架等处,或将绝缘导线穿于导管内敷设于墙壁、顶棚的表面及桁架、支架等处。暗敷设指的是将绝缘导线穿于导管内,在墙壁、顶棚、地坪及楼板等内部敷设或在混凝土板孔内敷设。室内常用配线方法有瓷瓶配线、导管配线、塑料护套线配线、钢索配线等。

### 2. 配线基本要求

由于室内配线方法的不同,技术要求也有所不同,无论何种配线方法都必须符合室内配线的基本要求,即室内配线应遵循的基本原则。

(1)所使用导线的额定电流应大于线路的工作电流。

(2)导线必须分色,即红色为相线,蓝色为中性线,白色为控制线,双色线(黄/绿)为地线,如发现未按规定的,必须马上返工。

(3) 导线在开关盒、插座盒(箱)内的留线长度不应小于 150 mm。

(4) 地线与公用导线如通过盒内不可剪断直接通过的,也应在盒内留一定余地。

(5) 如遇大功率用电器,分线盒内主线达不到负荷要求时,需走专线,且线径的大小和空气开关额定电流的大小也要同时考虑。

(6) 接线盒(箱)内导线接头采取焊接的方式且须用防水、绝缘、黏性好的胶带牢固包缠。

(7) 弱电(电话、电视、网线)导线与强电导线严禁共槽共管,弱电线槽与强电线槽平行间距不小于 300 mm。在连接处,电视线必须用接线盒与电视分配器连接。

(8) 保证施工、运行操作及维修的方便。

(9) 室内配线及电气设备安装应有助于建筑物的美化。

(10) 在保证安全、可靠、方便、美观的前提下,应考虑其经济性,做到合理施工、节约资金。

## (二)室内配线的施工工序

室内配线施工主要有以下几个步骤:

(1) 定位画线。根据施工图纸确定电器安装位置、线路敷设途径、线路支持件及导线穿过墙壁和楼板的位置等。

(2) 预埋支持件。在土建抹灰前,在线路所有固定点处打好孔洞,并预埋好线路支持件。

(3) 装设绝缘支持物、线夹、导管。

(4) 敷设导线。

(5) 安装灯具、开关及电气设备等。

(6) 测试导线绝缘性,连接导线。

(7) 校验、自检、试通电。

# 三、临时照明装置和特殊照明装置的安装

## (一)临时照明线路及灯具的安装

临时照明一般是指基建工地的照明、市政道路夜间仪仗队照明、工厂里检修设备增加照明亮度所需的临时照明等。临时照明是短期限照明,敷设的线路要求简单、安全性高,使用的灯具应根据临时照明场所需要设置。

**1. 临时照明线路安装要求**

(1) 对临时照明线路应有一套严格的管理制度,并有专人负责。

(2) 因工作需要架设临时照明线路时,应由使用单位填写"临时照明线路安装申请单",经用电管理部门同意后,方可架设。

(3) 临时照明线路使用期限一般不宜超过 3 个月,使用完毕后必须立即拆除。严禁在有爆炸、火灾危险的场所架设临时照明线路。

(4) 户内临时照明线路应采用四芯或三芯橡皮电缆软线,线的长度一般不宜超过 10 m,

离地高度不应低于 2.5 m。设备应采取保护接零或保护接地等安全措施。

（5）户外临时照明接线应采用绝缘良好的导线，且截面积应满足用电负荷和机械强度的需要。应用电杆或沿墙用绝缘子固定架设，导线距地高度不应低于 4.5 m，与道路交叉跨越时不应低于 6 m，严禁在树木或钢管上挂线。户外临时照明线路应有总开关，各路应有保护措施，开关、熔断器应有防雨措施，户外临时照明架空线的长度不应超过 500 m，与建筑物、树木的距离不得小于 2 m。

图 5-4 直线接头的防拉断措施

（6）临时照明线路导线的中间连接、终端与接线桩的连接，均采取防拉断措施。直线接头的防拉断措施如图 5-4 所示。

**2. 临时照明灯具安装要求**

（1）工地照明可由附近低压配电干线供电，接地线应从干线的电杆上分出支路，先进入主配电箱，再分给照明线路。若工地面积较大、照明灯具数量较多，应设分电箱。

（2）配电箱内的低压控制电器和保护电器应配齐，并设有防雨防尘装置。

（3）各支路的负荷电流不应超过 15 A（较大工地可适当放宽到 30 A），照明灯具和插座不得超过 30 个，以防止一处短路而造成大面积的停电。

（4）工作场地采用分路控制，但应使用双极开关，灯具离地高度不小于 2.5 m。

（5）露天灯采用防水灯头，灯头与干线连接的接点应错开 50 mm 以上。

（6）聚光灯、碘钨灯等高热灯具与易燃物的净距离一般不小于 500 mm，灯头与易燃物的净距离一般不小于 300 mm。

**3. 临时照明灯具的安装**

临时照明灯具的安装方法与白炽灯的安装方法大体相同，但在安装时，一定要根据安装的场合，按临时照明灯具安装要求进行施工。

## （二）特殊场所照明装置的安装

凡是潮湿、高温、可燃、易燃、易爆的场所，或有导电尘埃的空间和地面，以及具有化工腐蚀性气体的环境等，均称为特殊场所。

**1. 潮湿房屋内照明装置的安装**

（1）采用绝缘子敷设导线时，应使用橡皮绝缘导线，导线相互间距离应在 60 mm 以上，导线与建筑物间距离应在 30 mm 以上。

（2）采用电线管施工时，应使用厚电线管，管口及管子连接处应采取防潮措施。

（3）开关、插座及熔断器等电气设备，不应装设在室内，如必须装在潮湿场所，应采取防潮措施。灯具应选用具有结晶水放出口的封闭式灯具，或带有防水灯口的敞口式灯具。

**2. 多尘房屋内照明装置的安装**

（1）采用绝缘子敷设导线时，应使用橡皮绝缘导线，导线相互间距离应在 60 mm 以上，导线和建筑物间距离应在 30 mm 以上。

（2）电线管敷设时,应在管口缠上胶布。

（3）开关、熔断器等电气设备,应采取防尘措施。灯具应采用封闭式灯具,灯头采用不带开关的灯头。

**3. 有爆炸性危险场所照明装置的安装**

（1）配线方式一般采用钢管明敷设或暗敷设。

（2）灯具应选用防爆灯和防爆开关,且灯具的接线盒接线后应密封。密封方法是用细棉绳在导线外面缠绕,要求绕到与管子内部接近时为止,管口处要填充沥青混合物密封填料。

为了防止静电产生火花,所有非导电的金属部分都要可靠接地,且只能利用专用接地线。在易燃易爆场所,禁止使用电钻、电焊机以及各种开启式开关和熔断器等易产生电弧和火花的电器及设备。

# 四、简单照明电路的装接

**1. 电路分析**

图 5-5 所示为日常生活中常见的简单照明电路图。电路由单相电能表、开关、白炽灯、日光灯和插座等器件组成。闭合电源空气开关 QF$_1$ 后,单相电能表不转动;再闭合空气开关 QF$_2$,电路进入通电状态。

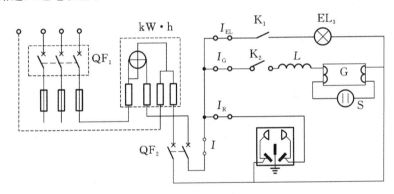

图 5-5　简单照明电路图

（1）闭合开关 K$_1$,白炽灯 EL 发亮,电能表表盘旋转(从左向右转),开始计量电能。

（2）闭合开关 K$_2$,日光灯点亮,由于日光灯与白炽灯同时发光,负荷增大,电能表表盘的转速变快。

（3）插座接通,左边是零线(中性线),右边是火线(相线),电压是相电压 220 V;插上电热杯,因为电热杯是大功率负载,电能表表盘的转速变得非常快。

安装线路的工艺要求是:"横平竖直,拐弯成直角,少用导线少交叉,多线并拢一起走。"也就是说,横线要水平,竖线要垂直,转弯要直角,不能有斜线;接线时,要尽量避免交叉线,如果一个方向有多条导线,要并在一起"走"。

**2. 照明电路的装接步骤**

（1）按图 5-5 所示电路准备好所需的元器件,并把元器件固定在木板上。

（2）用万用表测量所用元器件的好坏。根据测量各种开关、白炽灯、镇流器、日光灯和电热杯电阻的大小,判断它们的好坏。

（3）根据工艺要求按图 5-5 连接线路。

（4）用万用表检查线路情况。将万用表置于"$R \times 1$ k"挡,两个表笔放在 QF$_2$ 下方火线（相线）、零线（中性线）上,若一开始读数为零,则说明线路中火线（相线）、零线（中性线）有直接短路现象,要马上寻找短路点;当读数显示"$\infty$"时,闭合开关 K$_1$,若测到白炽灯的阻值,则表明火线（相线）到白炽灯的线路没有问题。

（5）通过上述检查正确后,闭合开关 QF$_1$、QF$_2$,接通电源。闭合 K$_1$、K$_2$,观察白炽灯、日光灯的发光情况。

（6）用万用表测量插座上的电压,并判断插座是否为左接零线（中性线）、右接火线（相线）;在电热杯中装半杯水,把电热杯的插头插到插座上,看电热杯是否正常工作。

（7）通电完毕,断开关 QF$_1$、QF$_2$,切断电源。

**3. 注意事项**

（1）通电要在教师的监护下进行。

（2）分清实训台上电源的火线（相线）和零线（中性线）,开关应接在火线（相线）上,插座接法应该为"左零右火上地"。

（3）在把电热杯的插头插到插座上通电时,应注意先装上水,禁止干烧。

（4）通电前,应认真检查线路,防止发生短路。

# 五、照明线路常见故障及检修

在完成图 5-5 所示照明电路的装接后,利用此电路进行照明线路故障排除的练习。白炽灯线路的常见故障及其排除方法见表 5-1。

表 5-1　白炽灯线路的常见故障及其排除方法

| 常见故障 | 故障原因 | 排除方法 |
|---|---|---|
| 灯泡不亮 | （1）电源进线无电压;<br>（2）灯座或开关接触不良;<br>（3）灯丝断裂;<br>（4）线路断路 | （1）检查是否停电,若停电,查找系统线路停电的原因,并处理;<br>（2）检修或更换灯座、开关;<br>（3）更换灯泡;<br>（4）修复线路 |
| 灯泡强烈发光后瞬时烧坏 | （1）电源电压过高;<br>（2）熔丝局部短路;<br>（3）灯泡额定电压低于电源电压 | （1）调整电源电压;<br>（2）更换灯泡;<br>（3）换用额定电压与电源电压一致的灯泡 |
| 灯泡时亮时灭 | （1）灯座或开关接触不良,导线接线松动或表面氧化;<br>（2）电源电压忽高忽低或由附近有大容量负载经常启动引起;<br>（3）熔丝接触不良;<br>（4）熔丝烧断但受振后忽接忽离 | （1）修复松动的触点或接线,清除导线的氧化层后重新接线,清除触头表面的氧化层;<br>（2）增加电源容量;<br>（3）重新安装;<br>（4）更换灯泡 |

| 常见故障 | 故障原因 | 排除方法 |
|---|---|---|
| 熔丝烧断 | （1）灯座或挂线盒连接处两线头相碰；<br>（2）熔丝太细；<br>（3）线路短路；<br>（4）负载过大；<br>（5）胶木灯座两触点间胶木烧毁，造成短路 | （1）重新接好线头；<br>（2）正确选择熔丝规格；<br>（3）修复线路；<br>（4）减轻负载；<br>（5）更换灯座 |
| 灯光暗淡 | （1）灯座、开关接触不良，或导线连接处接触电阻增加；<br>（2）灯座、开关或导线对地严重漏电；<br>（3）线路导线太长太细，压降过大；<br>（4）电源电压过低 | （1）修复接触不良的触点，重新连接导线接头；<br>（2）更换灯座、开关或导线；<br>（3）缩短线路长度，或换用截面积较大的导线；<br>（4）调整电源电压 |

# ◀ 任务二　配电箱接线 ▶

## 一、配电箱的作用与分类

低压配电箱有标准配电箱和非标准配电箱两类。配电箱按配电用途的不同又分为照明配电箱和动力配电箱两类，按安装方式的不同又分为嵌入式配电箱和悬挂式配电箱两种。

### （一）常用配电箱

**1. XM 系列照明配电箱**

XM 系列照明配电箱主要用于交流 500 V 以下的三相四线制照明系统中，做非频繁操作控制照明线路用。它对所控制的线路能分别起到过载与短路保护的作用。XM 系列照明配电箱如图 5-6(a)所示。

**2. XL 系列动力配电箱**

XL 系列动力配电箱主要用于工矿企业交流 500 V 以下的三相四线制动力配电线路。XL 系列动力配电箱中一般安装刀开关、空气开关、熔断器、交流接触器、热继电器等，对所控制的线路与设备有过载、短路、失压等保护作用。XL 系列动力配电箱如图 5-6(b)所示。

**3. X(R)J 系列照明配电箱**

X(R)J 系列照明配电箱又称照明计测箱，适用于民用住宅建筑，用于计测 50 Hz、单

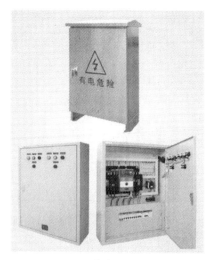

（a）XM系列照明配电箱　　　　　　　　（b）XL系列动力配电箱

图5-6　XM系列照明配电箱和XL系列动力配电箱

相三线或二线220 V照明线路的有功电能,内部装有电度表、断路器、漏电保护器、熔断器等电气元件,对照明线路具有过载及短路保护作用。X(R)J系列照明配电箱如图5-7(a)所示。

**4. PZ-30型配电箱**

PZ-30型配电箱是目前较为流行的动力照明综合式配电箱,它最大的特点是采用了C45、NC100系列的小型断路器,配电箱的体积仅为老型号配电箱的几分之一到几十分之一。C45系列的小型断路器可以自由组合,能够满足对出线回路数目的各种要求。PZ-30型配电箱如图5-7(b)所示。

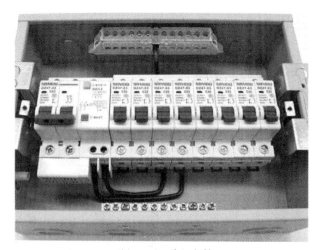

（a）X(R)J系列照明配电箱　　　　　　　（b）PZ-30型配电箱

图5-7　X(R)J系列照明配电箱和PZ-30型配电箱

## （二）非标准配电箱

工作中根据需要在工作现场制作的配电箱称为现制配电箱（在施工图中一般称为非标准配电箱）。现制配电箱包括盘面板和箱体两部分（有时还包括控制面板），所用材料有木质、铁质和塑料等。为节约材料，不要箱体只要盘面板（盘面板留有一定的空间）的配电装置称为配电板或配电盘。在制作配电箱之前，应根据实际需要设计配电箱电路图。比较简单的配电盘画出电气系统图即可；比较复杂的配电箱应画出电气安装图，标注所用电气元件及导线的规格型号。电路图是制作配电箱的依据。非标准配电箱的制作与组装如下：

### 1. 盘面板的组装

盘面板一般固定在配电箱的箱体内，用于安装电气元件。

1）盘面板的制作

一般应该按照设计要求制作盘面板。盘面板四周与箱体边之间应有适当的缝隙，以便在配电箱内安装固定。为了节约木材，盘面板的材质已广泛采用塑料代替。

2）电器排列

将盘面板放平，把全部仪表、电器、装置等置于上面，先进行实物排列，一般将仪表放在上方，各电路的开关及熔断器要互相对应，放置的位置要便于操作和维护，并使盘面板的外形整齐美观，如图 5-8 所示。

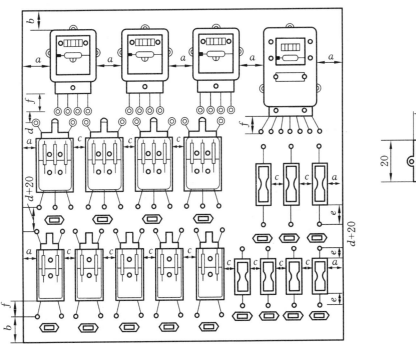 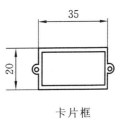

卡片框

图 5-8　非标准配电箱盘面板的组装示例

3）电器排列间距

各电器排列的最小间距应符合图 5-8 和表 5-2 的有关规定，除此以外，其他各种器件、出线口、瓷管头等距盘面板边缘的距离均不得小于 30 mm。

表 5-2　配电箱盘面板各电器间的最小间距

| 间距 | 电器规格/A | 导线截面积/mm² | 最小尺寸/mm |
|---|---|---|---|
| a | — | — | 60 |
| b |  |  | 50 |
| c |  |  | 30 |
| d |  |  | 20 |
| e | 10～15 | — | 20 |
|  | 20～30 |  | 30 |
|  | 60 |  | 50 |
| f | — | <10 | 80 |
|  |  | 16～25 | 100 |

4）盘面板的加工

按照各电器排列的实际位置,标出每个电器的安装孔和出线孔(间距要均匀)的位置,然后进行盘面板的钻孔和盘面板的刷漆。如采用铁质盘面板,一般使用厚度不小于 2 mm 的铁板制作,做好后应做防腐处理,先除锈再刷防锈漆。

5）电器的固定

盘面板加工好后,在出线孔套上瓷管头(适用于木质和塑料盘面板)或橡皮护套(适用于铁质盘面板),以保护导线,如图 5-9 所示。然后将全部电器摆正定位,用木螺丝将各个电器固定牢靠。

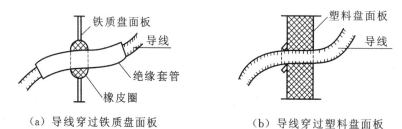

（a）导线穿过铁质盘面板　　　　　　（b）导线穿过塑料盘面板

图 5-9　导线穿过盘面板的处理

**2. 盘面板的布线**

1）导线的选择

根据仪表和电器的规格、容量及安装位置,按设计要求选取导线截面积(一般铜芯绝缘导线应不小于 1.5 mm²,铝芯绝缘导线应不小于 2.5 mm²)和长度。如果配电箱盘面板上有计量仪表互感器,二次侧导线应采用截面积为 2.5 mm² 的铜芯绝缘导线。

2）导线的敷设

盘面板上导线的布置必须排列整齐、绑扎成束,如图 5-10(a)所示。一般用卡钉将导线固定在盘面板的背面,不能使导线在盘面板上摇摆,如图 5-10(b)、(c)所示。盘面板后引入和引出的导线应留出适当余量,以用于检修。

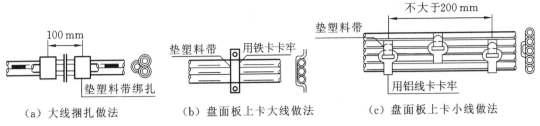

（a）大线捆扎做法　　　　　（b）盘面板上卡大线做法　　　　　（c）盘面板上卡小线做法

图 5-10　导线的敷设及固定

3）导线的连接

导线敷设好之后,即可将导线按设计要求依次正确地与电气元件进行连接。导线出线端的弯圈、封端等工作可参照导线接线的安装要求进行。

**3. 配电盘面板的安装要求**

（1）电源连接。

垂直装设的开关或者熔断器等设备的上端接电源,下端接负载;横装设备的左侧(面对盘面板)接电源,右侧接负载;螺旋式熔断器的中间端子接电源,螺旋端子接负载,如图 5-11所示。

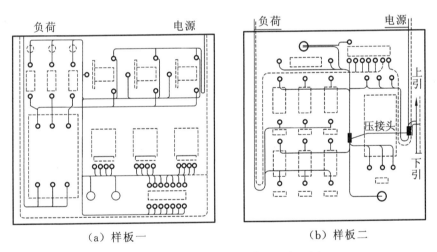

（a）样板一　　　　　　　　　　　（b）样板二

图 5-11　盘面板上的导线背面固定示例

（2）接零母线。

接零系统中的零母线,一般由零线端子板分路引至各支路或设备,如图 5-12(a)所示。零线端子板上分支路的排列位置,应与分支路熔断器的位置相对应。接地或接零保护线,应先通过地线端子,如图 5-12(b)所示,再用保护接零或接地端子板分路。

（3）相序分色。

按标准给各相线涂上颜色,以黄、绿、红、淡蓝颜色分别表示火线 A($L_1$)、B($L_2$)、C($L_3$)和零线 N,若是三相五线制配电,则 PE(接地保护)线用黄绿相间色表示。

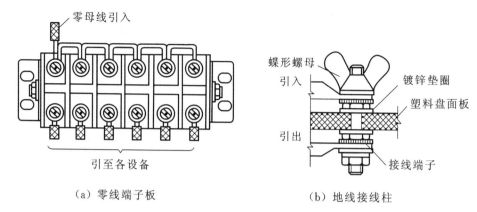

图 5-12　配电箱上零线及地线的连接方式

（4）卡片框。

配电盘面板所有电器的下方均应安装"卡片框"，用以标明电气回路的名称等技术参数，并可在适当部位粘贴电气接线系统图。

（5）加包铁皮。

木质配电盘面板应根据下列电流值和使用状况加包铁皮，以增加配电盘的强度：三相四线制供电电流超过 30 A，单相 220 V 供电电流超过 100 A，两相 380 V 供电电流超过 50 A。

## 二、低压配电电器

电器是指用于接通和断开电路或对电路和电气设备进行保护、控制和调节的电工器件。在电力输配电系统和电力拖动自动控制系统中，电器的应用极为广泛。

低压配电电器是指用于低压配电系统中，对电器及用电设备进行保护和通断、转换电源或负载的电器，技术要求是分断能力强、限流效果好和操作电压低等。常见的低压配电电器及其用途见表 5-3。

表 5-3　常见的低压配电电器及其用途

| 电器名称 | 主要用途 |
| --- | --- |
| 熔断器 | 用于线路或电气设备的短路和过载保护 |
| 刀开关 | 用于电路隔离，也能接通和分断额定电流 |
| 转换开关 | 用于两种以上电源或负载的转换和通断电路 |
| 低压断路器 | 用于线路过载、短路或欠压保护，或不频繁通断电路 |

### （一）熔断器

熔断器是一种常用在低压电路和电动机控制电路中用作短路保护和过载保护的电器，由熔体、绝缘熔管和底座等组成。

熔体是熔断器的核心部分，当电路发生短路或过载时电流过大，熔体因过热而熔化，从而切断电路。熔体常做成丝状或片状，在小电流电路中，常用铅锡合金和锌等低熔点金属做成熔丝；在大电流电路中，则用银、铜等较高熔点的金属做成薄片。绝缘熔管可以安全、有效地熄灭熔体产生的电弧。底座用于固定绝缘熔管和外接引线。

**1. 常见分类**

（1）瓷插式熔断器。瓷插式熔断器常用于 380 V 及以下电压等级的线路末端（如照明线路），作配电支线或电气设备的短路保护用。瓷插式熔断器的外形、结构和在电路图中的符号如图 5-13 所示。

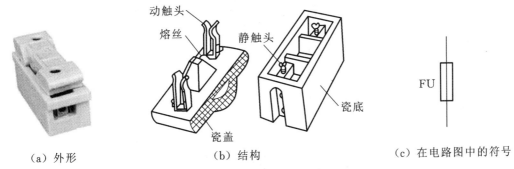

（a）外形　　　　　　　　（b）结构　　　　　　　　（c）在电路图中的符号

**图 5-13　瓷插式熔断器的外形、结构和在电路图中的符号**

（2）螺旋式熔断器。螺旋式熔断器主要用于短路电流大的分支电路或有易燃气体的场所。它的外形和结构如图 5-14 所示。熔管内装有石英砂，熔体埋于其中，熔体熔断时，电弧喷向石英砂及其缝隙，可迅速降温而熄灭。为了便于监视，螺旋式熔断器一端装有色点，不同的颜色表示不同的熔体电流，熔体熔断时，色点跳出，表示熔体已熔断。

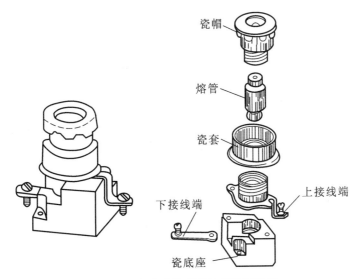

**图 5-14　螺旋式熔断器的外形和结构**

（3）有填料封闭管式熔断器。有填料封闭管式熔断器主要用于短路电流大的电路或有易燃气体的场所。它的外形和结构如图 5-15 所示。

（4）无填料封闭管式熔断器。无填料封闭管式熔断器具有结构简单、保护性能好和使用方便等特点，一般均与刀开关组成熔断器刀开关组合使用。它的外形和结构如图 5-16 所示。

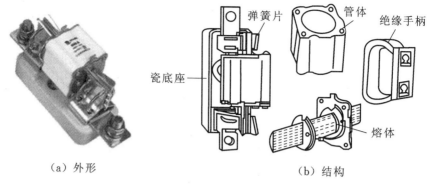

（a）外形　　　　　　　　　　　　　　　（b）结构

图 5-15　有填料封闭管式熔断器的外形和结构

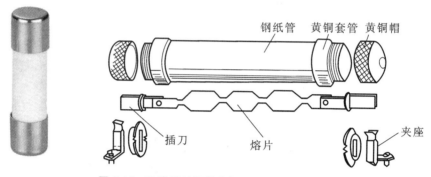

图 5-16　无填料封闭管式熔断器的外形和结构

## 2. 熔断器的型号含义

常见的熔断器的型号含义如图 5-17 所示。

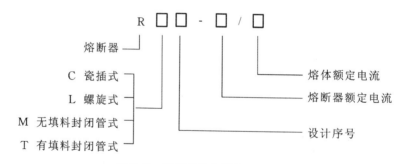

图 5-17　常见的熔断器的型号含义

## 3. 熔断器的选择与使用

应根据使用场合选择熔断器的类型:电网配电一般用管式熔断器,电动机保护一般用螺旋式熔断器,照明电路一般用瓷插式熔断器。熔断器规格的选择如下:

（1）照明电路:熔体额定电流≥被保护电路上所有照明电器工作电流之和。

（2）单台直接启动电动机:熔体额定电流＝(1.5～2.5)×电动机额定电流。

（3）多台直接启动电动机:总保护熔体额定电流＝(1.5～2.5)×各台电动机电流之和。

（4）降压启动电动机:熔体额定电流＝(1.5～2)×电动机额定电流。

（5）绕线式电动机:熔体额定电流＝(1.2～1.5)×电动机额定电流。

（6）配电变压器低压侧：熔体额定电流＝（1.0～1.5）×变压器低压侧额定电流。

**4. 熔断器使用注意事项**

（1）对不同性质的负载，如照明电路、电动机电路的主电路和控制电路等，应分别保护，并装设单独的熔断器。

（2）安装螺旋式熔断器时，必须注意将电源线接到瓷底座的下接线端，即遵循低进高出的原则，以保证安全。

（3）瓷插式熔断器安装熔丝时，熔丝应顺着螺钉旋紧方向绕过去，同时应注意不要划伤熔丝，也不要把熔丝绷紧，以免减小熔丝截面尺寸或插断熔丝。

（4）更换熔体时应切断电源，并应换上相同额定电流的熔体。

## （二）刀开关

刀开关又称闸刀开关、负荷开关，是一种应用广泛的手动控制电器。它结构简单，由刀片（动触点）和刀座（静触点）等部分组成。在低压电路中，刀开关作不频繁接通和分断电路用或用来将电路与电源隔离。刀开关按触刀片数多少可分为单极、双极和三极等几种。常用的刀开关有开启式（俗称胶盖瓷底刀开关）和封闭式（俗称铁壳开关）两种，外形如图 5-18所示。刀开关的结构及符号如图 5-19 所示。

（a）开启式刀开关

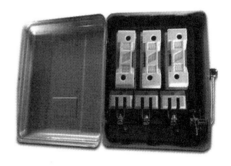

（b）封闭式刀开关

图 5-18　刀开关的外形

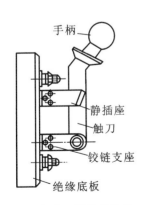

（a）开启式刀开关的结构

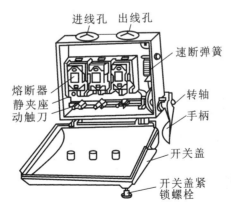

（b）封闭式刀开关的结构

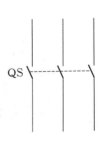

（c）在电路图中的符号

图 5-19　刀开关的结构及符号

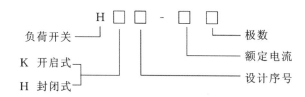

图 5-20 刀开关的型号含义

**1. 刀开关的型号含义**

刀开关的型号含义如图 5-20 所示。

**2. 刀开关的选择与使用**

（1）用于照明或电热负载时，刀开关的额定电流等于或大于被控制电路中各负载额定电流之和，刀开关的额定电压应不小于电路实际工作的最高电压。

（2）用于电动机负载时，开启式刀开关的额定电流一般为电动机额定电流的 3 倍，封闭式刀开关的额定电流一般为电动机额定电流的 1.5 倍。

**3. 刀开关使用时的注意事项**

（1）刀开关应垂直安装在控制屏或开关板上使用，静触点应在上方。

（2）安装刀开关时，要把电源进线接在静触点上，负载接在可动的触刀一侧，这样当断开电源时触刀就不会带电；负载则接在下接线端，便于更换熔丝。

（3）大电流的刀开关应设有灭弧罩；封闭式刀开关的外壳应可靠地接地，防止意外漏电使操作者发生触电事故。

（4）更换熔丝应在刀开关断开的情况下进行，且应更换与原规格相同的熔丝。

## （三）转换开关

转换开关又称组合开关，体积小，灭弧性能比刀开关好，接线方式有多种，常用于交流 380 V 以下、直流 220 V 以下的电气线路中，在机床设备中应用十分广泛，供手动不频繁地接通或分断电路，也可控制小容量交直流电动机的正反转、星形-三角形启动和变速换向等。它的种类很多，有单极、双极、三极和四极等，常用的是双极、三极的转换开关。转换开关的外形如图 5-21(a) 所示。

转换开关的结构及符号如图 5-21(b)、(c) 所示。图中的转换开关有 3 对静触片，每个触片的一端固定在绝缘垫板上，另一端伸出盒外，连在接线柱上。3 个动触片套在装有手柄的绝缘转轴上，转动转轴就可以将 3 个触点（彼此相差一定的角度）同时接通或断开。根据实际需要，转换开关的动、静触片的个数可以随意组合。

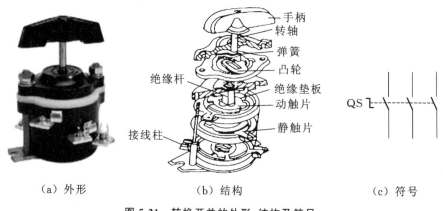

（a）外形    （b）结构    （c）符号

图 5-21 转换开关的外形、结构及符号

**1. 转换开关的型号含义**

转换开关的型号含义如图 5-22 所示。

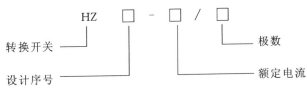

图 5-22 转换开关的型号含义

**2. 转换开关的选择与使用**

（1）根据电源的种类、电压的等级、极数及负载的容量进行选择。

（2）用于照明或电热电路时,转换开关的额定电流应等于或大于被控制电路中各负载电流的总和。

（3）用于电动机电路时,转换开关的额定电流一般取电动机额定电流的 1.5～2.5 倍。

**3. 转换开关的使用注意事项**

（1）转换开关的通断能力较低,用于控制电动机做可逆运转时,必须在电动机完全停止转动后,才能反向接通。每小时的接通不能超过 20 次。

（2）当操作频率过高或负载的功率因数较低时,转换开关要降低容量使用,否则会影响开关寿命。转换开关接线时,切忌接错。

## （四）低压断路器

低压断路器也称自动空气开关,可用来接通和分断负载电路,也可用来控制不频繁启动的电动机。它的功能相当于刀开关、过电流继电器、失压继电器、热继电器及漏电保护器等电器部分或全部的功能总和,是低压配电网中一种重要的保护电器。

低压断路器具有多种保护功能（过载、短路、欠电压保护等）,具有动作值可调、分断能力高、操作方便、安全等优点,广泛应用于低压配电线路上,也用于控制电动机及其他用电设备。

**1. 低压断路器的分类**

低压断路器根据结构形式可以分为万能式和塑壳式两类。

（1）万能式断路器。万能式断路器也称框架式断路器,一般有一个钢制的框架。所有的零部件均安装在框架内。主要零部件都是裸露的,没有外壳。万能式断路器容量较大,并可装设多种功能的脱扣器和较多的辅助触头,由不同的脱扣器组合可以构成不同的保护特性,可以作为配电用断路器和电动机保护用断路器。万能式断路器的外形如图 5-23 所示。

（2）塑壳式断路器。塑壳式断路器也称装置式断路器,所有零部件均装于一个塑料的外壳中,主要零部件一般均不裸露,结构较为简单,使用安全。这种类型的断路器容量较小,常用于配电支路末端,用作电动机保护断路器或其他负载保护断路器。

**2. 低压断路器的结构及符号**

低压断路器由操作机构、触点、保护装置（各种脱扣器）、灭弧系统等组成。它的结构及符号如图 5-24 所示。低压断路器的主触点通常由手动的操作机构来闭合,闭合后主触点被锁钩锁住。如果电路中发生故障,脱扣机构就在有关脱扣器的作用下将锁钩脱开,于是主触点在释放弹簧的作用下迅速分断。

图 5-23　万能式断路器的外形

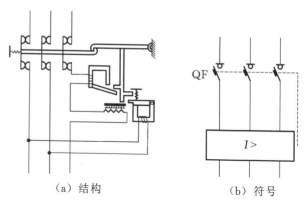

（a）结构　　　　　（b）符号

图 5-24　低压断路器的结构及符号

### 3. 低压断路器的型号含义

低压断路器的型号含义如图 5-25 所示。

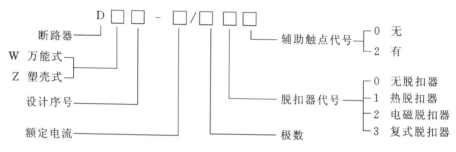

图 5-25　低压断路器的型号含义

### 4. 低压断路器的选择和使用

选用低压断路器时,一般要考虑的参数有额定电压、额定电流和壳架等级额定电流,其他参数只有在特殊要求时才考虑。

（1）低压断路器的额定电压应不小于被保护电路的额定电压。

（2）低压断路器的壳架等级额定电流应不小于被保护电路的计算负载电流。

（3）低压断路器的额定电流应不小于被保护电路的计算负载电流,用于保护电动机时,低压断路器的长延时电流整定值等于电动机额定电流;用于保护三相鼠笼式异步电动机时,低压断路器的瞬时整定电流等于电动机额定电流的 8～15 倍,倍数与电动机的型号、容量和启动方法有关;用于保护三相绕线式异步电动机时,低压断路器的瞬间整定电流等于电动机额定电流的 3～6 倍;用于保护和控制不频繁启动的电动机时,还应考虑低压断路器的操作条件和使用寿命。

### 5. 低压断路器使用时的注意事项

（1）当低压断路器与熔断器配合使用时,熔断器应装于低压断路器之前,以保证使用安全。

（2）电磁脱扣器的整定值不允许随意改动，使用一段时间后应检查其动作的准确性。

（3）低压断路器在分断短路电流后，应在切除前级电源的情况下及时检查触头。如有严重的电灼痕迹，可用干布擦去；若发现触头烧毛，可用砂纸或细锉刀小心修整。

## （五）漏电保护器

电器绝缘损坏或其他原因造成导电部分碰到电器外壳时（简称碰壳），如果电器金属外壳是接地的，那么电就由电器的金属外壳经大地构成通路，从而形成电流，即漏电电流。

漏电保护器又称漏电保护开关，是一种在规定条件下，电路中漏电电流（毫安级）值达到或超过其规定值时能自动断开电路或发出报警的装置。当漏电电流超过允许值时，漏电保护器能够自动切断电源或报警，以保证人身安全。漏电保护器的外形如图 5-26 所示。

图 5-26　漏电保护器的外形

漏电保护器动作灵敏，切断电源的时间短，因此，合理选择和正确安装、使用漏电保护器，除了能保护人身安全以外，还能防止电气设备损坏及预防火灾。因此，漏电保护器在工农业生产及日常生活中得到了广泛的应用。一般情况下，应优先选用电流型漏电保护器，其额定电流值应不小于实际负载电流。

### 1. 漏电保护器的工作原理

漏电保护器主要由检测元件、中间放大环节和操作执行机构三部分组成。检测元件由零序电流互感器组成，用于检测漏电电流，并发出信号。中间放大环节将微弱的漏电信号放大，根据装置的不同可以分为电磁式保护器和电子式保护器。操作执行机构收到信号后，主开关由闭合状态转换到断开状态，从而切断电源。操作执行机构是被保护电路脱离电网的跳闸部件。漏电保护器工作原理示意图如图 5-27 所示，TA 为零序电流互感器，A 为中间放大环节，QF 为主开关。

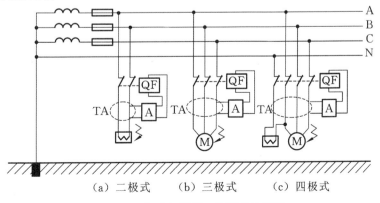

　　　（a）二极式　　　（b）三极式　　　（c）四极式

图 5-27　漏电保护器工作原理示意图

**2. 漏电保护器的选择与使用**

(1) 单台电气设备可选用额定漏电动作电流为 30～50 mA 的快速型漏电保护器,大型或多台电气设备可选用额定漏电动作电流为 50～100 mA 的快速型漏电保护器。合格的漏电保护器的动作时间不应大于 0.1 s,否则对人身安全仍有威胁。

(2) 单相 220 V 电源供电的电气设备,如家庭和电动工具应选用二极式漏电保护器;三相三线制 380 V 电源供电的电气设备,如三相电动机应选用三极式漏电保护器;三相四线制 380 V 电源供电的电气设备,或者单相设备与三相设备共用电路,应选用四极式漏电保护器[见图 5-27(c)]。

**3. 漏电保护器使用时的注意事项**

(1) 漏电保护器适用于电源中性点直接接地或经过电阻、电抗接地的低压配电系统。电源中性点不接地的系统,不宜采用漏电保护器。

(2) 漏电保护器保护线路的中性线 N 要通过零序电流互感器。否则,在接通后,就会有一个不平衡电流使漏电保护器产生误动作。

(3) 接零保护线(PE)不准通过零序电流互感器。

# 三、小型配电箱的安装与调试

### 1. 小型配电箱的安装

(1) 小型配电箱的电路图如图 5-28 所示。

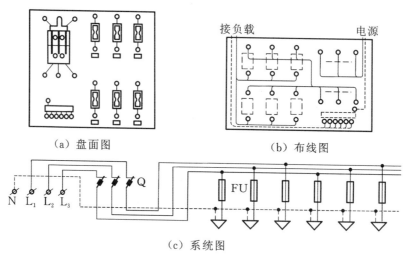

(a) 盘面图　　　　　　　　(b) 布线图

(c) 系统图

图 5-28　小型配电箱的电路图

(2) 按照配电箱的安装要求确定各个电气器件的位置。

(3) 将各个电气器件用螺母固定。

(4) 为导线的安装钻出合适的孔洞。

(5) 完成导线与各个电气器件的紧密连接,同时给三相闸刀和瓷插式熔断器装入熔体。

### 2. 小型配电箱的检测调试

小型配电箱安装完成以后,按电路图或接线图从电源端开始,逐段核对接线有无漏接、错接之处,检查导线接点是否符合要求,压接是否牢固,以免带负载运行时产生闪弧现象。

用万用表电阻挡检查电路接线情况,检查时断开总开关,选用倍率适当的电阻挡,并进行欧姆调零。

(1) 导线连接检查。将表笔分别搭在同一根导线两端上,万用表读数应为"0"。

(2) 电源电路检查。将表笔分别搭在两线端上,读数应为"∞"。接通负载开关时,万用表应有读数;断开负载开关时,万用表读数应为"∞"。

(3) 用兆欧表检查两导线间的绝缘电阻(需断开负载开关)和导线对地间的绝缘电阻。

(4) 用测电笔检查。接通电路,用测电笔检查相线(火线)是否有电。

(5) 用交流电压表检查。可用万用表交流电压挡检查电源电压是否为 220 V 或 380 V。

**3. 操作注意事项**

(1) 完成后,若通电检查,电压较高,须注意人身安全。

(2) 接线完毕,同组同学应自查一遍,然后由指导教师检查后,方可接通电源,必须严格遵守"先接线,后通电;先断电,后拆线"的实验操作原则。

(3) 导线的剖削及连接要求,可参照本书前面的相关内容。

# 四、配电箱的常见故障及修理方法

配电箱的常见故障及修理方法见表5-4。

表 5-4 配电箱的常见故障及修理方法

| 故障现象 | 产生原因 | 修理方法 |
|---|---|---|
| 电动机启动瞬间熔体即熔断 | (1) 熔体规格选择太小;<br>(2) 负载侧短路或接地;<br>(3) 熔体安装时损伤 | (1) 调换适当的熔体;<br>(2) 检查短路或接地故障;<br>(3) 调换熔体 |
| 熔丝未断但电路不通 | (1) 熔体两端或接线端接触不良;<br>(2) 熔断器的螺帽盖未拧紧 | (1) 清扫并旋紧接线端;<br>(2) 旋紧螺帽盖 |
| 合闸后一相或两相没电 | (1) 夹座弹性消失或开口过大;<br>(2) 熔丝熔断或接触不良;<br>(3) 夹座、动触头氧化或有污垢;<br>(4) 电源进线或出线头氧化 | (1) 更换夹座;<br>(2) 更换熔丝;<br>(3) 清洁夹座或动触头;<br>(4) 清洁电源进线或出线头 |
| 动触头或夹座过热或烧坏 | (1) 开关容量太小;<br>(2) 分、合闸时动作太慢造成电弧过大,烧坏触头;<br>(3) 动触头与夹座压力不足;<br>(4) 夹座表面烧毛;<br>(5) 负载过大 | (1) 更换较大容量的开关;<br>(2) 改进操作方法;<br>(3) 调整夹座压力;<br>(4) 用细锉刀修整;<br>(5) 减轻负载或调换较大容量的开关 |

| 故障现象 | 产生原因 | 修理方法 |
|---|---|---|
| 封闭式刀开关的操作手柄带电 | (1) 外壳接地线接触不良；<br>(2) 电源线绝缘损坏碰壳 | (1) 检查接地线；<br>(2) 更换导线 |
| 手柄转动后，内部触头未动作 | (1) 手柄的转动连接部件磨损变形；<br>(2) 操作机构损坏；<br>(3) 绝缘杆变形，由方形磨为圆形；<br>(4) 转轴与绝缘杆装配松动 | (1) 更换手柄；<br>(2) 修理操作机构；<br>(3) 更换绝缘杆；<br>(4) 紧固转轴与绝缘杆 |
| 手柄转动后，三副触头不能同时接通或断开 | (1) 转换开关型号不正确；<br>(2) 修理转换开关时触头装配得不正确；<br>(3) 触头失去弹性或接触不良 | (1) 更换转换开关；<br>(2) 重新装配触头；<br>(3) 更换触头或清除氧化层 |
| 接线柱相间短路 | (1) 因铁屑或油污附在接线柱间形成短路；<br>(2) 电流将胶木烧焦或绝缘破坏形成短路 | 清扫开关或调换开关 |
| 手动操作断路器不能闭合 | (1) 电源电压太低；<br>(2) 热脱扣的双金属片尚未冷却复原；<br>(3) 欠电压脱扣器无电压或线圈损坏；<br>(4) 储能弹簧变形，导致闭合力减弱；<br>(5) 反作用弹簧力过大 | (1) 检查线路并调高电源电压；<br>(2) 等双金属片冷却后再合闸；<br>(3) 检查线路，施加电压或调换线圈；<br>(4) 调换储能弹簧；<br>(5) 重新调整反作用弹簧力 |
| 电动操作断路器不能闭合 | (1) 电源电压不符；<br>(2) 电源容量不够；<br>(3) 电磁铁拉杆行程不够；<br>(4) 电动机操作定位开关变位 | (1) 调换电源；<br>(2) 增大操作电源容量；<br>(3) 调整或更换拉杆；<br>(4) 调整定位开关 |
| 电动机启动时断路器立即分断 | (1) 过电流脱扣器瞬时整定值太小；<br>(2) 脱扣器某些零件损坏；<br>(3) 脱扣器反力弹簧断裂或落下 | (1) 调整过电流脱扣器瞬时整定值；<br>(2) 调换脱扣器或某些零部件；<br>(3) 调换弹簧或重新装好弹簧 |
| 分励脱扣器不能使断路器分断 | (1) 线圈短路；<br>(2) 电源电压太低 | (1) 调换线圈；<br>(2) 检查线路并调高电源电压 |
| 欠电压脱扣器噪声大 | (1) 反作用弹簧力过大；<br>(2) 铁芯工作面有油污；<br>(3) 短路环断裂 | (1) 调整反作用弹簧力；<br>(2) 清除铁芯油污；<br>(3) 调换铁芯 |
| 欠电压脱扣器不能使断路器分断 | (1) 反作用弹簧力变小；<br>(2) 储能弹簧断裂或弹簧力变小；<br>(3) 机构生锈卡死 | (1) 调整反作用弹簧力；<br>(2) 调换或调整储能弹簧；<br>(3) 清除油污 |

## ◀ 任务三　电动机基本控制线路安装 ▶

### 一、三相异步电动机的基本控制电路

**1. 三相异步电动机点动控制线路**

点动控制指需要电动机短时断续工作时,按下按钮电动机就转动,松开按钮电动机就停止动作的控制。实现点动控制可以将点动按钮直接与接触器的线圈串联,电动机的运行时间由按钮按下的时间决定。点动控制线路是用按钮、接触器来控制电动机运转的最简单的正转控制线路。

图 5-29 所示电路的主要原理是当按下按钮 SB 时,交流接触器的线圈 KM 得电,从而使接触器的主触点闭合,使三相电进入电动机的绕组,驱动电动机转动。松开 SB 时,交流接触器的线圈失电,使接触器的主触点断开,电动机的绕组断电而停止转动。实际上,这里的交流接触器是代替了刀开关或转换开关使主电路闭合和断开的。

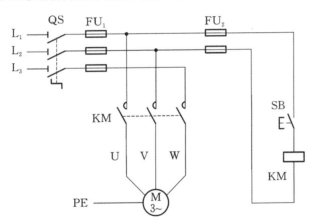

**图 5-29　点动控制原理图**

1) 电路控制动作过程

启动:先闭合电源开关 QS,按下按钮 SB—交流接触器 KM 线圈得电—KM 主触点闭合—电动机 M 转动。

停止:松开按钮 SB—交流接触器 KM 线圈失电—KM 主触点断开—电动机 M 停转。

2) 电动机的转动特点

按下 SB,电动机转动;松开 SB,电动机停止转动,即点一下 SB,电动机转动一下,故称为点动控制。

**2. 三相异步电动机单向连续控制线路**

生产机械连续运转是最常见的形式,要求拖动生产机械的电动机能够长时间运转。三相异步电动机自锁控制是指按下按钮 $SB_2$,电动机转动之后,再松开按钮 $SB_2$,电动机仍保持

转动。其主要原因是交流接触器的辅助触点维持交流接触器的线圈长时间得电,从而使得交流接触器的主触点长时间闭合,电动机长时间转动。这种控制应用在长时间连续工作的电动机中,如车床、砂轮机等。

1）电气控制原理图

点动控制电路中加自锁触点 KM,可对电动机实行连续运行控制。电路工作原理为:在电动机点动控制电路的基础上给启动按钮 SB₂ 并联一个交流接触器的常开辅助触点,使得交流接触器的线圈通过其辅助触点进行自锁。当松开按钮 SB₂ 时,由于接在按钮 SB₂ 两端的 KM 常开辅助触头闭合自锁,控制回路仍保持通路,电动机 M 继续运转。电气控制原理如图 5-30 所示。

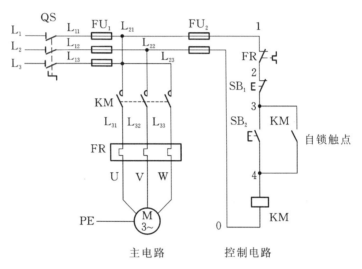

图 5-30 有过载保护连续控制接触器控制原理

2）动作过程

先合上电源开关 QS。

① 启动运行。按下按钮 SB₂—KM 线圈得电—KM 主触点和自锁触点闭合—电动机 M 启动,连续正转。

② 停止。按下停止按钮 SB₁—控制电路失电—KM 主触点和自锁触点分断—电动机 M 失电停转。

③ 过载保护。电动机在运行过程中,由于过载或其他原因,使负载电流超过额定值时,经过一定时间,串接在主回路中热继电器 FR 的热元件双金属片受热弯曲,推动串接在控制回路中的常闭触点断开,切断控制回路,接触器 KM 的线圈断电,主触点断开,电动机 M 停转,达到了过载保护的目的。

**3. 三相异步电动机的正、反转控制**

生产机械需要前进、后退、上升、下降等,这就要求拖动生产机械的电动机能够改变旋转方向,也就是对电动机要实现正、反转控制。正、反转控制是指采用某一方式使电动机实现正、反转向调换的控制。在工厂动力设备中,通常采用改变接入三相异步电动机绕组的电源相序来实现。

正、反转控制最基本的要求是正转交流接触器和反转交流接触器线圈不能同时带电，正、反转交流接触器主触点不能同时吸合，否则会发生电源的相间短路问题。实现三相异步电动机正、反转控制常用的控制线路有接触器联锁、按钮联锁和接触器、按钮双重联锁三种形式。

1）接触器联锁正、反转控制

（1）工作原理。根据电路的需要，在电路中采用按钮盒中的两个按钮，即正转启动按钮 $SB_2$ 和反转启动按钮 $SB_3$ 来控制电动机的正、反转。为了避免两只接触器同时动作，在两个电路中分别串入对方接触器的一个常闭辅助触点。这样，当正转交流接触器 $KM_1$ 得电动作时，反转交流接触器 $KM_2$ 由于 $KM_1$ 常闭触点联锁不能得电动作，反之亦然，这样就保证了电动机的正、反转能独立完成。这种接触器通过它的联锁触点控制另一个接触器工作状态的过程称为联锁，控制原理如图 5-31 所示。

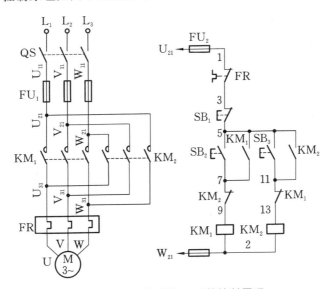

图 5-31 接触器联锁正、反转控制原理

（2）动作过程。先合上电源开关 QS。正转控制、反转控制和停止的工作过程如下：

① 正转控制。按下正转启动按钮 $SB_2$—$KM_1$ 线圈得电—$KM_1$ 主触点和自锁触点闭合（$KM_1$ 常闭互锁触点断开）—电动机 M 启动，连续正转。

② 反转控制。按下停止按钮 $SB_1$—$KM_1$ 线圈失电—$KM_1$ 主触点分断—电动机 M 失电停转—按下反转启动按钮 $SB_3$—$KM_2$ 线圈得电—$KM_2$ 主触点和自锁触点闭合—电动机 M 启动，连续反转。

③ 停止。按下停止按钮 $SB_1$—控制电路失电—$KM_1$（或 $KM_2$）主触点分断—电动机 M 失电停转。

注意：电动机从正转变为反转时，必须先按下停止按钮，之后才能按下反转启动按钮，否则由于接触器的联锁作用，不能实现反转。

2）接触器、按钮双重联锁正、反转控制

接触器、按钮双重联锁（互锁）的正、反转控制线路安全可靠、操作方便，控制原理如图

5-32所示。

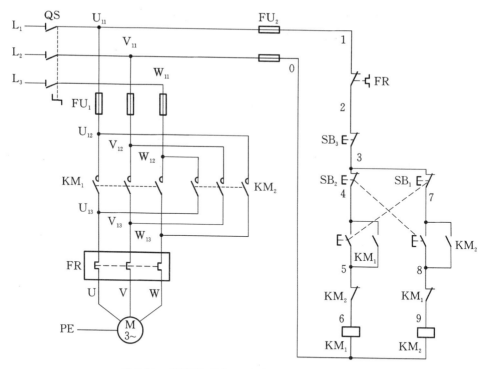

图 5-32  接触器、按钮双重联锁正、反转控制原理

（1）工作原理。线路要求接触器 $KM_1$ 和 $KM_2$ 不能同时得电，否则它们的主触点同时闭合，将造成 $L_1$、$L_3$ 两相电源短路，为此在 $KM_1$ 和 $KM_2$ 线圈各自的支路中相互串接了对方的一副常闭辅助触点，以保证 $KM_1$ 和 $KM_2$ 不会同时得电。$KM_1$ 和 $KM_2$ 这两副常闭辅助触点在线路中所起的作用称为互锁（联锁）作用。另一个互锁是按钮互锁，$SB_1$ 动作时 $KM_2$ 线圈不能得电，$SB_2$ 动作时 $KM_1$ 线圈不能得电。

（2）控制过程。线路的动作过程：先闭合电源开关 QS，正转控制、反转控制和停止的工作过程如下：

① 正转控制。按下按钮 $SB_1$—$SB_1$ 常闭触点先分断对 $KM_2$ 联锁（切断反转控制电路）—$SB_1$ 常开触点后闭合—$KM_1$ 线圈得电—$KM_1$ 主触点闭合—电动机 M 启动，连续正转。$KM_1$ 联锁触点分断对 $KM_2$ 联锁（切断反转控制电路）。

② 反转控制。按下按钮 $SB_2$—$SB_2$ 常闭触点先分断—$KM_1$ 线圈失电—$KM_1$ 主触点分断—电动机 M 失电—$SB_2$ 常开触点后闭合—$KM_2$ 线圈得电—$KM_2$ 主触点闭合—电动机 M 启动，连续反转。$KM_2$ 联锁触点分断对 $KM_1$ 联锁（切断正转控制电路）。

③停止。按停止按钮 $SB_3$—整个控制电路失电—$KM_1$（或 $KM_2$）主触点分断—电动机 M 失电停转。

**4. 三相异步电动机的行程控制**

根据生产机械运动部件的位置或行程进行控制称为行程控制。生产机械的某个运动部件，如机床的工作台，需要在一定的范围内往复循环运动，以便连续加工。这种情况要求拖动运动部件的电动机必须能自动地实现正、反转控制。

1）电气原理图

行程开关控制的三相异步电动机正、反转自动往返运动电气原理如图 5-33 所示。利用行程开关可以实现电动机正、反转循环。为了使电动机的正、反转控制与工作台的左右运动相配合,在控制线路中设置了 4 个位置开关 $SQ_1$、$SQ_2$、$SQ_3$ 和 $SQ_4$,并把它们安装在工作台限位的地方。其中,$SQ_1$、$SQ_2$ 被用来自动换接电动机正、反转控制电路,实现工作台的自动往返行程控制;$SQ_3$、$SQ_4$ 被用来做终端保护,以防止 $SQ_1$、$SQ_2$ 失灵,工作台越过限定位置而造成事故。在工作台边的 T 形槽中装有两块挡铁,挡铁 1 只能和 $SQ_1$、$SQ_3$ 相碰撞,挡铁 2 只能和 $SQ_2$、$SQ_4$ 相碰撞。当工作台运动到所限位置时,挡铁碰撞位置开关,使其触点动作,自动换接电动机正、反转控制电路,通过机械传动机构使工作台自动往返运动。工作台行程可通过移动挡铁位置来调节,拉开两块挡铁间的距离,行程就短;反之,行程就长。

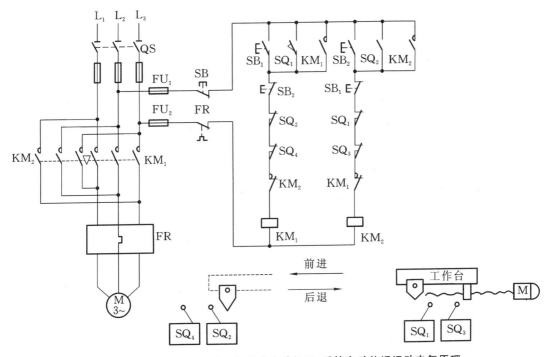

图 5-33　行程开关控制的三相异步电动机正、反转自动往返运动电气原理

2）工作过程

先闭合电源开关 QS,按下前进启动按钮 $SB_1$—接触器 $KM_1$ 线圈得电—$KM_1$ 主触点和自锁触点闭合—电动机 M 正转—带动工作台前进—工作台运行到 $SQ_2$ 位置—撞块压下 $SQ_2$—$SQ_2$ 常闭触点断开（常开触点闭合）—$KM_1$ 线圈断电—$KM_1$ 主触点和自锁触点断开,$KM_1$ 常开触点闭合—$KM_2$ 线圈得电—$KM_2$ 主触点和自锁触点闭合—电动机 M 因电源相序改变而变为反转—拖动工作台后退—撞块又压下 $SQ_1$—$KM_2$ 断电—$KM_1$ 又得电动作—电动机 M 正转—带动工作台前进,如此循环往复。按下停止按钮 SB,$KM_1$ 或 $KM_2$ 接触器断电释放,电动机停止转动,工作台停止。$SQ_3$、$SQ_4$ 为极限位置保护的限位开关,防止 $SQ_1$ 或 $SQ_2$ 失灵时,工作台超出运动的允许位置而产生事故。

# 二、其他电动机的工作原理与技术参数

## 1. 直流电动机

1) 直流电动机的类型及性能用途

(1) 直流电动机的类型。直流电动机有五种励磁方式,分别是并励式、他励式、串励式、复励式和永磁式。

(2) 直流电动机的性能及用途。采用不同励磁方式的直流电动机的启动性能、调速范围、使用场合有许多不同。

2) 直流电动机的结构及工作原理

(1) 直流电动机的结构。直流电动机的结构与交流电动机相比要复杂得多,消耗的有色金属很多。直流电动机由固定和转动两大部分组成。固定不动的部分称为定子,包括机座、端盖、主磁极、换向极和电刷装置等;转动部分称为转子(又称电枢),包括电枢铁芯、电枢绕组、换向器、风扇和转轴等。

(2) 直流电动机各部分的组成及作用。直流电动机各部分的组成及作用如下:

① 主磁极。主磁极由磁极铁芯和绕组两部分组成,产生沿定子圆周交替出现 N 极和 S 极的磁场。主磁极铁芯一般用 0.5~1.0 mm 厚的薄钢片叠成;励磁绕组(或称励磁线圈)一般用漆包铜线绕制后,固定在铁芯上。在直流电动机中,主磁极可以有一对、两对或者更多,整个主磁极用螺钉固定在机座上。

② 换向极。换向极用于改善直流电动机的换向。容量大于 1 kW 的直流电动机在相邻主磁极间有一小极,称为换向极。换向极铁芯常用整块钢板略加刨削制成。换向极上装有换向极绕组,它总是与电枢绕组串联的,一般由扁铜线绕成,线圈匝数很少。

③ 机座和端盖。机座和端盖是直流电动机磁路的一部分,又是直流电动机的支撑部分,用铸钢或钢板铸成。主磁极和换向极都固定在机座的内壁上,端盖上装有轴承,用来支撑电动机的转子转轴。

④ 电刷装置。电刷装置是转子(电枢)绕组与外电路接通的装置,由电刷刷握、刷杆和刷杆座等零件组成。

⑤ 电枢铁芯。直流电动机的电枢铁芯是用来嵌放电枢绕组的,并构成电动机磁路的一部分。电枢铁芯是用 0.5 mm 硅钢片冲片叠压而成的。

⑥ 电枢绕组。直流电动机的电枢绕组放置在铁芯轴向的槽中,电枢绕组由许多完全相同的线圈按照一定的规律连接起来。这些线圈称为绕组元件,每个绕组元件的两端分别接在两换向片上,通过换向片把这些独立的线圈互相连接在一起。

⑦ 换向片。直流电动机的特有装置由换向片组成,换向片由硬质铜做成,每片间用云母片绝缘。换向片、云母片最后都固定在转子转轴上。

另外,在直流电动机的定子与转子之间存在着气隙,它是电动机磁路的一部分。气隙的大小和形状对电动机运行性能有很大影响,一般中小型电动机的气隙为 0.7~5 mm,大型电动机的气隙为 5~10 mm。

（3）直流电动机的工作原理。直流电动机的基本工作原理如图 5-34 所示。这是一台两极的直流电动机,固定部分有两个磁极,分别是 N 极和 S 极。磁极可由永久磁极组成,但通常都是用电磁铁,即在磁极上绕有励磁线圈,通电后产生磁通,形成磁极。线圈的 abcd 是转动部分,称为电枢(或转子)。线圈装在两个绝缘的换向片上,换向片通过电刷与直流电源接通。当电源加入时,电流流入导体,导体受力,使电枢逆时针旋转,按左手定则,当旋转 180° 时,通过换向片换向使电流方向改变,但转子受力方向仍然不变,这就是直流电动机的原理。

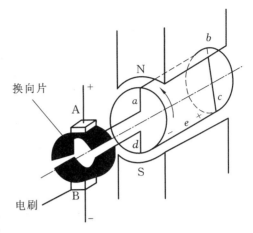

图 5-34 直流电动机的基本工作原理

3）直流电动机的铭牌数据

（1）型号。直流电动机的型号用汉语拼音字母和数字组合在一起表示,由三部分组成,第一部分为产品代号,第二部分为规格代号,第三部分为特殊环境代号,三部分之间以短横线相连。

（2）额定功率。额定功率是指电动机在长期运行时所允许的输出功率,单位为 W 或 kW。直流电动机的额定功率为直流电动机轴上输出的有效机械功率。

（3）额定电压。额定电压是指直流电动机在额定工作状态下运行时的端电压。

（4）额定电流。额定电流是指直流电动机在额定工作状态下运行时的线端输入电流,单位为 A。

（5）额定转速。额定转速是指直流电动机在额定状态下运行的转速。

（6）励磁方式。直流电动机的励磁方式可分为他励、并励、串励和复励等。

（7）励磁电压。励磁电压是指直流电动机在额定工作状态下运行时的额定电压,单位为 V。

（8）额定励磁电流。额定励磁电流是指在保证额定励磁电压值时的电流,单位为 A。

**2. 控制电动机**

1）步进电动机

步进电动机是将电脉冲信号转变为角位移或线位移的开环控制元件。步进电动机的角位移与输入脉冲个数成正比,在时间上与输入脉冲同步。步进电动机只需控制输入脉冲的数量、频率及电动机绕组通电相序,便可获得所需的转角、转速及转动方向。在无脉冲输入时,在绕组电源激励下,气隙磁场能使转子保持原有位置而处于自锁状态。

（1）步进电动机的常见类型及特点。步进电动机根据工作原理可分为反应式、永磁式和混合式三种。

① 反应式步进电动机。反应式步进电动机的结构与普通电动机类似,分为定子和转子两部分,其中定子又分为定子铁芯和定子绕组。定子铁芯由电工钢片叠压而成,转子由软磁材料组成。反应式步进电动机结构简单、成本低、步距角小,但动态性能较差、转矩小、效率

低、发热大、可靠性不高。

② 永磁式步进电动机。永磁式步进电动机的定子由软磁材料制成并有多对绕组,转子上装有永久磁铁制成的磁极。由于永磁式转子受磁钢加工的限制,极对数不能做得很多,因而步距角较大。但由于永久磁场的作用,它的控制电流小,断电时电动机仍具有保持转矩,定位自锁性能好。

③ 混合式步进电动机。混合式步进电动机又称永磁反应步进电动机。它在结构和性能上兼有反应式步进电动机和永磁式步进电动机的特点,即不仅具有反应式步进电动机步距角小和工作频率较高的特点,又具有永磁式步进电动机控制功率小和低频振荡小的特点,是新型步进伺服系统的首选电动机。

(2) 步进电动机的工作原理。常用的反应式步进电动机的工作原理如图 5-35 所示。它的定子上有 6 个极,每极上都装有控制绕组,每两个相对极的控制绕组称为一相。当 A 相绕组得电时,因磁通总是要沿着磁阻最小的路径闭合,转子齿 1、3 和定子极 A 相对齐,如图 5-35(a)所示。A 相断电,B 相绕组得电时,转子将沿逆时针方向转过 α 角,α＝30°,使转子齿 2、4 和定子极 B 相对齐,如图 5-35(b)所示。如果再使 B 断电,C 相绕组得电,转子又将在逆时针方向转过 30°角,使转子齿 1、3 和定子极 C 相对齐,如图 5-35(c)所示。如此循环往复,并按 A—B—C—A 的顺序通电,电动机按逆时针的方向转动。电动机的转速取决于绕组与电源接通或断开的变化频率。若按 A—C—B—A 的顺序通电,则电动机反向转动。电动机绕组与电源的接通或断开通常是由逻辑电子电路来控制的。电动机定子绕组每改变一次通电方式,称为一拍。此时电动机转子通过的空间角度称为步距角 α。上述通电方式称为三相单三拍。"单"是指每次通电时,只有一相绕组得电;"三拍"是指经过 3 次切换绕组的通电状态为一个循环,第四拍通电时就重复第一拍通电的情况。显然,在这种通电方式下,三相步进电动机的步距角应为 30°。如果定子绕组的通电顺序为 A—AB—B—BC—C—CA—A 或 A—AC—C—CB—BA—A,定子三相绕组需经过 6 次切换才能完成一个循环,故称为"六拍",而且在通电时,有时为单个绕组接通,有时为两个绕组同时接通,因此又称"三相单、双六拍"。

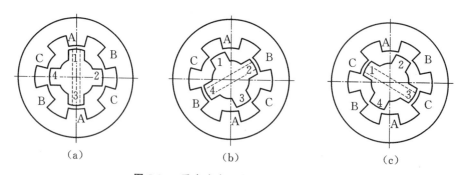

(a)　　　　　　　　(b)　　　　　　　　(c)

图 5-35　反应式步进电动机的工作原理

(3) 步进电动机的主要技术特性。

① 步距角。步距角指每给一个脉冲信号,电动机转子应转过角度的理论值。步距角可按下式计算。

$$\alpha = \frac{360}{mzk}$$

式中:$m$ 为定子相数;$z$ 为转子齿数;$k$ 为通电系数,若连续两次通电相数相同则为 1,不同则为 2。

数控机床所采用的步进电动机的步距角一般都很小,如 $3°/1.5°$、$5°/0.75°$、$0.72°/0.36°$ 等。步距角是代表步进电动机精度的重要指标。

② 矩角特性和最大静转矩。当步进电动机处于通电状态时,转子处在不动状态,即静态。如果在电动机轴上施加一个负载转矩,转子会沿负载方向上转过一个角度 $\theta$,转子因而受到一个电磁转矩 $T$ 的作用与负载平衡,该电磁转矩 $T$ 称为静态转矩,角度 $\theta$ 称为失调角。步进电动机单相通电的静态转矩 $T$ 随失调角 $\theta$ 的变化曲线称为矩角特性。矩角特性曲线上电磁转矩的最大值称为最大静转矩 $T_{jmax}$。$T_{jmax}$ 是代表电动机承载能力的重要指标。

③ 启动转矩 $T_q$ 和启动频率 $f_q$。步进电动机各相绕组的矩角特性的交点所对应的静态转矩是步进电动机的启动转矩 $T_q$。当负载力矩小于 $T_q$ 时,步进电动机才能正常启动运行,否则将造成失步。

空载时,步进电动机由静止突然启动并进入不丢失的正常运行状态所允许的最高频率,称为启动频率或突跳频率。空载启动时,步进电动机定子绕组通电状态变化的频率不能高于该启动频率,原因是频率越高,电动机绕组的感抗($X_L = 2\pi/L$)越大,使绕组中的电流脉冲变尖,幅值下降,从而使电动机输出力矩下降。

④ 运行矩频特性。运行矩频特性描述步进电动机在连续运行时,输出转矩与连续运行频率之间的关系。它是衡量步进电动机运转时承载能力的动态指标。步进电动机的输出转矩与运行频率成反比,当运行频率超过最高频率时,步进电动机将无法工作。

(4) 常见步进电动机的选用。步进电动机有步距角(涉及相数)、静力矩和电流三大技术指标,一旦三大技术指标确定,步进电动机的型号便确定了。

① 步距角的选择。电动机的步距角取决于负载精度的要求,将负载的最小变率(当量)换算到电动机轴上,得知每个当量电动机应走多少角度(包括减速),电动机的步距角应等于或小于此角度。

② 静力矩的选择。步进电动机的动态力矩一下子很难确定,往往先确定电动机的静力矩。静力矩选择的依据是电动机工作的负载,而负载可分为惯性负载和摩擦负载两种。单一的惯性负载和单一的摩擦负载是不存在的。直接启动时(一般由低速启动)两种负载均要考虑,加速启动时主要考虑惯性负载,恒速运行时只需考虑摩擦负载。一般情况下,静力矩应为摩擦负载的 2~3 倍。静力矩一旦选定,电动机的机座及长度便能确定下来(几何尺寸)。

③ 电流的选择。静力矩相同的电动机,由于电流参数不同,运行特性差别很大。可依据矩频特性曲线图判断电动机的电流(参考驱动电源及驱动电压)。

④ 力矩与功率换算。步进电动机一般在较大范围内调速使用,其功率是变化的,一般只用力矩来衡量,力矩与功率的换算关系如下:

$$P = M\omega, \quad \omega = 2\pi n/60 = \pi n/30, \quad P = M\pi n/30$$

式中：$P$ 为功率，W；$\omega$ 为角速度，rad/s；$M$ 为力矩，N·m；$n$ 为转速，r/min。

2）伺服电动机

伺服电动机又称执行电动机，在自动控制系统中，用作执行元件，把所收到的电信号转换成电动机轴上的角位移和角速度输出。伺服电动机可分为直流和交流两大类。直流伺服电动机输出功率一般为 1～600 W，部分产品可达数千瓦；交流伺服电动机输出功率较小，一般为 0.1～100 W，最常用的功率在 30 W 以下。伺服电动机的主要特点是：当信号电压为零时无自转现象，转速随转矩的增加而匀速下降；反应灵敏，在宽广的转速范围内能稳定运转，无信号时自动停转；有较大的启动力矩、较小的控制功率，体积小、重量轻、转动惯量小，有良好的调节特性。

（1）交流伺服电动机的结构及工作原理。交流伺服电动机是一种两相电动机，其定子用硅钢片叠成，嵌放着两个绕组（一个控制绕组，一个励磁绕组），且它们在空间互差 90°。励磁绕组接交流电源，控制绕组接控制电压（电信号）。转子结构有两种。一种是笼式结构，与一般感应电动机的笼式转子相似，但它做得细而长，这样较灵活。这种结构的电动机具有激磁电流小、体积小、机械强度高等优点。另一种是圆杯形转子结构，圆杯形转子用铝或铜制成，一端开口，一端不开口，其杯底固定在轴上，杯的内部还有由硅钢片叠成的固定在电动机一侧端盖上的内定子，用以减小磁路的磁阻。这种结构的电动机具有转动惯量小、无噪声、调速范围宽等优点，但由于气隙较大，因此有励磁电流大、功率因数低、体积较大等缺点。

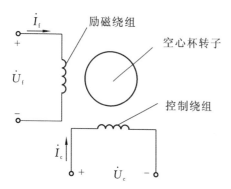

图 5-36　交流伺服电动机原理图

交流伺服电动机原理图如图 5-36 所示。它的工作原理和单相电动机相似，当两个在空间相隔 90°的绕组，通以两个有着电流相位差的电流时，就产生一个旋转磁场，其旋转方向是从超前相转向滞后相。转子导体切割磁场即产生电势和电流，此电流和旋转磁场相互作用产生力矩，使转子随旋转磁场的方向转动起来。为了使两个绕组里的电流有相位差，与单相电容式电动机一样，可在励磁回路中串入一个电容器 $C$，这样就使励磁回路中电流的相位超前。这种电动机可以正、反两个方向旋转，且转向取决于控制电压的相位，而控制电压的大小不同，电动机的力矩大小也不一样。

（2）直流伺服电动机的结构及工作原理。直流伺服电动机的结构和一般直流电动机无本质差别，有他励式和永磁式两种。前者励磁绕组和电枢绕组分别由两个独立电源供电；后者不需要励磁绕组，磁极采用永久磁铁。目前主要应用他励式直流伺服电动机。根据直流电动机的原理，励磁绕组接上直流电压后，即产生磁通。如果此时电枢绕组通入电流，电流和磁通相互作用，即产生电磁力矩。在此力矩作用下，转子旋转起来。改变电枢电流或励磁电流都可改变电磁力矩的大小，使转子在不同转速下运转。因此，直流伺服电动机的控制方法有两种，即电枢控制和磁极控制。

直流伺服电动机的接线原理图如图 5-37 所示。电枢控制的直流伺服电动机以电枢绕组作为接收电信号的控制绕组,励磁绕组接恒定直流电压。它的优点是损耗较小,反应迅速。磁极控制的直流伺服电动机,电枢绕组作为激励绕组,接恒定的电压,励磁绕组作为接收电信号的控制绕组。由于磁极绕组电阻大,因此磁极控制时的控制功率较小,且与转速无关。自动控制系统中多采用电枢控制的直流伺服电动机。直流伺服电动机

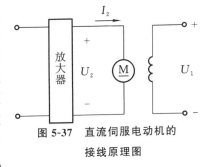

图 5-37 直流伺服电动机的
接线原理图

的转子一般制成细而长的圆柱形。功率很小时,为了减小转动惯性,有的直流伺服电动机的电枢绕组绕在一个薄环上,该薄环放在固定的内铁芯和外铁芯之间。

## 三、电动机的常用保护措施

电动机在运行过程中,除按生产机械的工艺要求完成各种正常运转外,还需在出现线路短路、过载、过电流、欠电压、失电压及弱磁等现象时,能自动切断电源停转,以避免电气设备的损坏事故,保证操作人员的人身安全。为此,在生产机械的电气控制线路中,采取了对电动机的各种保护措施。常用的电动机保护措施有短路保护、过载保护、欠电压保护、零电压保护、过电流保护及弱磁保护等。

### 1. 短路保护

当电动机绕组和导线的绝缘损坏时,或者控制电器及线路损坏发生故障时,线路将出现短路现象,产生很大的短路电流,使电动机、电器、导线等严重损坏。因此,在发生短路故障时,保护电器必须立即动作,迅速将电源切断。

常用的短路保护电器是熔断器和自动空气断路器。熔断器的熔体与被保护的电路串联,当电路正常工作时,熔断器的熔体不起作用,相当于一根导线,其上的压降很小,可忽略不计。当电路短路时,很大的短路电流流过熔体,使熔体立即熔断,切断电动机电源,电动机停转。同样,若电路中接入自动空气断路器,自动空气断路器会立即动作,切断电源,使电动机停转。

### 2. 过载保护

当电动机负载过大、启动操作频繁或缺相运转时,电动机的工作电流会长时间超过其额定电流,电动机绕组过热,温升超过其允许值,导致电动机的绝缘材料变脆、寿命缩短,严重时会使电动机损毁。因此,当电动机过载时,保护电器应动作,切断电源,使电动机停转,避免电动机在过载下运行。

常用的过载保护电器是热继电器。当电动机的工作电流等于额定电流时,热继电器不动作,电动机正常工作;当电动机短时过载或过载电流较小时,热继电器不动作,或经过较长时间才动作;当电动机过载电流较大时,串接在主电路中的热元件会在较短时间内发热弯曲,使串接在控制电路中的常闭触点断开,先后切断控制电路和主电路的电源,使电动机停转。

### 3. 欠电压保护

当电网电压降低时,电动机便在欠电压下运行。由于电动机载荷没有改变,所以在欠电压下电动机转速下降,定子绕组中的电流增加。因为电流增加的幅度不足以使熔断器和热继电器动作,所以两种电器起不到保护作用。如不采取保护措施,时间一长将会使电动机过

热损坏。另外,欠电压将引起一些电器释放,使电路不能正常工作,也可能导致人身和设备事故。因此,应避免电动机在欠电压下运行。

实现欠电压保护的电器是接触器和电池式电压继电器。在机床电气控制线路中,只有少数线路专门装设了电池式电压继电器,用以起欠电压保护作用;而大多数控制线路,由于接触器已兼有欠电压保护功能,所以不必加设欠电压保护电器。一般当电网电压降低到额定电压的85%以下时,接触器(或电压继电器)线圈产生的电磁吸力减小到小于复位弹簧的拉力,动铁芯被迫释放,其主触点和自锁触点同时断开,切断主电路和控制电路电源,使电动机停转。

### 4. 零电压保护

在生产机械工作时,用某种原因导致电网突然停电时,电源电压下降为零,电动机停转,生产机械的运动部件也随之停转。一般情况下,操作人员不可能及时拉断电源开关,如不采取措施,当电源电压恢复正常时,电动机便会自行启动运转,很可能造成人身和设备事故,并引起电网过电流和瞬间电网电压下降。因此,必须采取保护措施。

在电气控制线路中,起零电压保护作用的电器是接触器和中间继电器。当电网停电时,接触器和中间继电器线圈中的电流消失,电磁吸力减小为零,动铁芯释放,触点复位,切断了主电路和控制电路电源。当电网恢复供电时,若不重新按下启动按钮,则电动机就不会自动启动,实现了零电压保护。

### 5. 过电流保护

为了限制电动机的启动或制动电流,需要在直流电动机的电枢绕组中或在交流绕线式异步电动机的转子绕组中串入附加的限流电阻。如果在启动或制动时,附加电阻被短接,将会造成很大的启动或制动电流,使电动机或机械设备损坏。因此,对直流电动机或绕线式异步电动机常常采用过电流保护。

过电流保护常采用电磁式过电流继电器来实现。当电动机过流值达到电流继电器的动作值时,电流继电器动作,使串联在控制电路中的常闭触点断开,切断控制电路,电动机随之脱离电源停转,达到过电流保护的目的。

### 6. 弱磁保护

直流电动机必须在磁场有一定强度的情况下才能启动正常运转。在启动时,电动机的励磁电流太小,产生的磁场太弱,将会使电动机的启动电流很大;在电动机正常运转过程中,磁场突然减弱或消失,电动机的转速将会迅速升高,甚至发生"飞车"。因此,在直流电动机的电气控制线路中要采取弱磁保护。

弱磁保护是通过在电动机励磁回路中串入弱磁继电器(欠电流继电器)来实现的。在电动机启动运行过程中,当励磁电流值达到弱磁继电器的动作值时,弱磁继电器就吸合,使串联在控制电路中的常开触点闭合,允许电动机启动或维持正常运转;当励磁电流减小很多或消失时,弱磁继电器就释放,其常开触点断开,切断控制电路,接触器线圈失电,电动机断电停转。

## 四、C6140 型车床电气控制柜的装接

### 1. 项目实施步骤

(1) 读懂 C6140 型车床电气控制柜原理图(见图 5-38),给线路元器件编号,明确线路所用元器件及其作用。

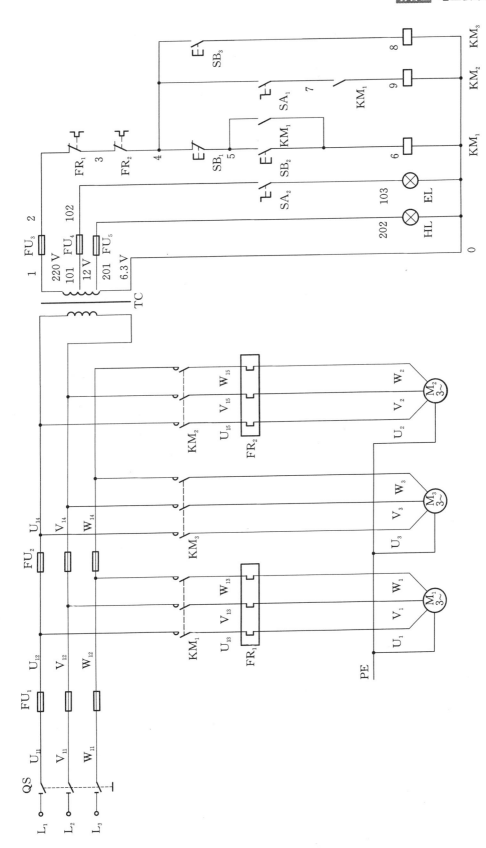

图5-38 C6140型车床电气控制柜原理图

（2）准备所用电气元器件并检验型号及性能。

（3）在控制柜内按图 5-39 安装线槽与电气元器件，并贴上标签。

（4）完成布线和套编码套管。

（5）根据图 5-40 检查控制柜样板布线的正确性。

（6）安装电动机。

（7）连接电动机和按钮金属外壳的保护接地线。

（8）连接电源、电动机等控制板外部的导线。

（9）自检。

（10）通电试车。

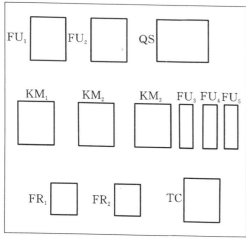

图 5-39　C6140 型车床电气控制柜布置图

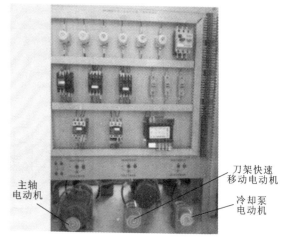

图 5-40　C6140 型车床电气控制柜样板图

**2. 安装后自检步骤**

（1）主电路的检查。按查号法检查，重点检查交流接触器 $KM_1$ 和 $KM_2$、顺序控制的控制连线，并用查线法逐线核对。检查主电路时，可以用手动代替得电线圈励磁吸合时的情况进行检查。

万用表检查方法为：将万用表调到 $R \times 10$ 挡（调零），断开控制线路（断开 $FU_2$），用表笔分别测 $U_{11}$、$V_{11}$、$W_{11}$ 之间的阻值，应为 $\infty$；按下 $KM_1$ 触点架，测得阻值应为电动机两相绕组直流电阻串联的阻值；松开 $KM_1$ 的触点架。松开 $KM_2$、$KM_3$ 触点架，测得同样结果。

（2）控制线路的检查。用查线号法对照原理图和接线图分别检查按钮、触点的布线；用万用表检查控制电路，连接 $FU_2$，检查各接触器的辅助触点、按钮和热继电器的常闭触点、熔断器等的通断情况。

（3）检查控制柜启动、停止和按钮控制。

（4）检查主轴电动机与冷却泵电动机的顺序控制。

在检查电源正常后，征得教师同意，方可通电试车。

完成控制柜安装检查后，按安全操作规定进行试运行，即一人操作、一人监护，在试运行过程中，监护人员不得擅自离开岗位。

先闭合 QS，检查三相电源。在确保电动机不接入的情况下，接通各控制按钮，各接触器的触点架正常动作。

断开 QS,接上电动机,进行电气控制柜的正式试车。

**3. 安装中注意事项**

(1)电动机必须安放平稳,以防止在可逆运转时产生滚动而引起事故,并将其金属外壳接地。

(2)运行过程中,不得接触高速旋转的电动机联轴器与其他旋转部件。

(3)注意接触器的主触点与辅助触点的区别,注意常开触点与常闭触点的区别。

(4)接线时,注意三相电源的各相用电平衡。

(5)必须遵守规程,保证安全操作。

 **思考与练习**

**一、填空题**

1.导线颜色规定为:红色为_____,蓝色为_____,白色为_____,双色线为_____,如果发现未按规定接线,必须马上返工。

2.灯泡不亮的常见故障原因为_____、_____、_____、_____。

3.低压配电箱有_____和_____两类。

4.漏电保护器又称为_____,是一种在规定条件下,电路中_____值达到或超过其规定值时能_____电路或发出报警的装置。

5.电动机的常用保护措施有_____、_____、_____、_____、_____。

**二、简答题**

1.电源插座的接线一般遵循什么规则?

2.如何进行配电箱的检测调试?

3.车床电气安装后的检查步骤是什么?

# 项目六
## 电子技术实训

电子技术实训是根据电子知识所进行的实训操作。通过本项目的学习,学生应能够学会简单电子产品的设计、制作与调试;在实训过程中,学会正确使用常用的电工工具及仪表,能够按照标准的设计要求制作简单的电路图、原理图,并能进行简单调试,能够解决设计、安装及调试过程中的问题,提高解决问题的能力。

### ◀ 学习目标

能够进行简单抢答器的设计与制作。

能够进行 MF 47 型指针式万用表的组装与调试。

能够进行晶体管收音机的组装与调试。

能够进行数字电子钟的设计与制作。

能够完成小型家用温度控制器的装配与调试。

能够完成气体烟雾报警器的组装与调试。

## ◀ 任务一　抢答器的设计与制作 ▶

### 一、优先编码器 74LS148

编码器在同一时刻内只允许对一个信号进行编码,否则输出的代码会发生混乱。

优先编码器是在同一时间内,当有多个输入信号请求编码时,只对优先级别高的信号进行编码的逻辑电路。常用的集成优先编码器有 74LS148(8 线-3 线)和 74LS147(10 线-4 线)两种。

优先编码器是较常用的编码器,下面以 74LS148 为例介绍它的逻辑功能。此芯片为 8 线-3 线优先编码器。图 6-1(a)所示为 74LS148 的功能简图,图 6-1(b)所示为 74LS148 的管脚引线图,表 6-1 所示为 74LS148 真值表。

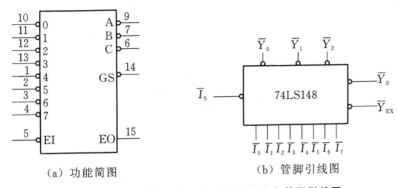

（a）功能简图　　　　　（b）管脚引线图

**图 6-1　优先编码器 74LS148 的功能简图和管脚引线图**

**表 6-1　优先编码器 74LS148 的真值表**

| 输入 | | | | | | | | | 输出 | | | | |
|---|---|---|---|---|---|---|---|---|---|---|---|---|---|
| $\overline{I}_S$ | $\overline{I}_0$ | $\overline{I}_1$ | $\overline{I}_2$ | $\overline{I}_3$ | $\overline{I}_4$ | $\overline{I}_5$ | $\overline{I}_6$ | $\overline{I}_7$ | $\overline{Y}_2$ | $\overline{Y}_1$ | $\overline{Y}_0$ | $\overline{Y}_{EX}$ | $\overline{Y}_S$ |
| 1 | × | × | × | × | × | × | × | × | 1 | 1 | 1 | 1 | 1 |
| 0 | 1 | 1 | 1 | 1 | 1 | 1 | 1 | 1 | 1 | 1 | 1 | 1 | 0 |
| 0 | × | × | × | × | × | × | × | 0 | 0 | 0 | 0 | 0 | 1 |
| 0 | × | × | × | × | × | × | 0 | 1 | 0 | 0 | 1 | 0 | 1 |
| 0 | × | × | × | × | × | 0 | 1 | 1 | 0 | 1 | 0 | 0 | 1 |
| 0 | × | × | × | × | 0 | 1 | 1 | 1 | 0 | 1 | 1 | 0 | 1 |
| 0 | × | × | × | 0 | 1 | 1 | 1 | 1 | 1 | 0 | 0 | 0 | 1 |
| 0 | × | × | 0 | 1 | 1 | 1 | 1 | 1 | 1 | 0 | 1 | 0 | 1 |
| 0 | × | 0 | 1 | 1 | 1 | 1 | 1 | 1 | 1 | 1 | 0 | 0 | 1 |
| 0 | 0 | 1 | 1 | 1 | 1 | 1 | 1 | 1 | 1 | 1 | 1 | 0 | 1 |

功能说明：74LS148 的输入端和输出端均为低电平有效。在管脚引线图中，电源和接地未画出，$\overline{I_0}\sim\overline{I_7}$ 是输入信号，$\overline{Y_2}\sim\overline{Y_0}$ 为三位二进制编码输出信号。当 $\overline{I_S}=1$ 时，编码器禁止编码；当 $\overline{I_S}=0$ 时，允许编码。$\overline{Y_S}$ 是使能输出信号，只有在 $\overline{I_S}=0$ 而 $\overline{I_0}\sim\overline{I_7}$ 均无编码输入信号时为 0。$\overline{Y_{EX}}$ 为优先编码输出信号，在 $\overline{I_S}=0$ 而 $\overline{I_0}\sim\overline{I_7}$ 的其中之一有信号时，$\overline{Y_{EX}}=0$。$\overline{I_0}\sim\overline{I_7}$ 各输入信号的优先顺序为 $\overline{I_0}$ 级别最高，$\overline{I_7}$ 级别最低。若 $\overline{I_7}=0$（有信号），则其他输入端即使有输入信号也不起作用，此时输出只按 $\overline{I_7}$ 编码，$\overline{Y_2}\,\overline{Y_1}\,\overline{Y_0}=000$。优先编码器被广泛用于计算机控制系统中，当有多个外设申请中断时，优先编码器总是先给优先级别高的设备编码。

## 二、译码器及其应用

译码与编码是相反的过程，是将二进制代码表示的特定含义翻译出来的过程。能实现译码功能的组合逻辑电路称为译码器。

集成译码器可分为三种，即二进制译码器、二-十进制译码器和显示译码器。

二进制译码器是将输入二进制代码的各种状态按特定含义翻译成对应输出信号的电路，又称变量译码器。若输入端有 $n$ 位，代码组合就有 $2^n$ 个，即可译出 $2^n$ 个输出信号。

显示译码器由译码输出和显示器配合使用，最常用的是 BCD 七段显示译码器。它的输出是驱动七段字形的七个信号，常见产品型号有 74LS48、74LS47 等。

分段式显示是将字符由分布在同一平面上的若干段发光笔画组合显示。电子计算器、数字式万用表等的显示器都是分段式数字显示。LED 数码显示器较常见，通常有红、绿、黄等颜色。LED 的死区电压较高，工作电压为 1.5～3 V，驱动电流为几十毫安。图 6-2 所示为七段 LED 数码管的引脚图和显示数字情况。74LS47 译码器的输出是低电平有效，所以配接的数码管须采用共阳极接法；而 74LS48 译码器的输出是高电平有效，所以配接的数码管须采用共阴极接法。数码管常用型号有 BS201、BS202 等。

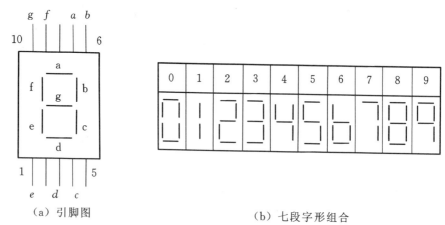

（a）引脚图　　　　　　　　　（b）七段字形组合

图 6-2　七段 LED 数码管的引脚图和显示数字情况

图 6-3（a）所示为共阴极 LED 数码管的原理图，使用时，共阴极接地，7 个阳极 a～g 由相应的 BCD 七段译码器来驱动，如图 6-3（b）所示。

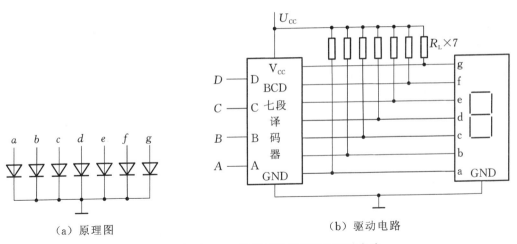

（a）原理图　　　　　　　　　　　（b）驱动电路

**图 6-3　共阴极 LED 数码管的原理图和驱动电路**

## 三、中规模集成 BCD 七段显示译码驱动器

74LS48 是输出高电平有效的中规模集成 BCD 七段显示译码驱动器,它的功能简图和管脚引线图如图 6-4 所示,真值表见表 6-2。

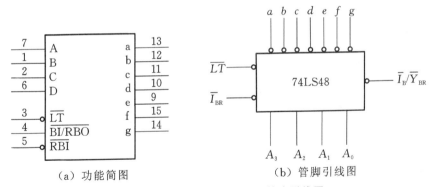

（a）功能简图　　　　　　　　　　　（b）管脚引线图

**图 6-4　74LS48 的功能简图和管脚引线图**

**表 6-2　74LS48 的真值表**

| 十进制数或功能 | 输入 | | | | | | $\overline{I}_B/\overline{Y}_{BR}$ | 输出 | | | | | | |
|---|---|---|---|---|---|---|---|---|---|---|---|---|---|---|
| | $\overline{LT}$ | $\overline{I}_{BR}$ | $A_3$ | $A_2$ | $A_1$ | $A_0$ | | $a$ | $b$ | $c$ | $d$ | $e$ | $f$ | $g$ |
| 0 | 1 | 1 | 0 | 0 | 0 | 0 | 1 | 1 | 1 | 1 | 1 | 1 | 1 | 0 |
| 1 | 1 | × | 0 | 0 | 0 | 1 | 1 | 0 | 1 | 1 | 0 | 0 | 0 | 0 |
| 2 | 1 | × | 0 | 0 | 1 | 0 | 1 | 1 | 1 | 0 | 1 | 1 | 0 | 1 |
| 3 | 1 | × | 0 | 0 | 1 | 1 | 1 | 1 | 1 | 1 | 1 | 0 | 0 | 1 |
| 4 | 1 | × | 0 | 1 | 0 | 0 | 1 | 0 | 1 | 1 | 0 | 0 | 1 | 1 |
| 5 | 1 | × | 0 | 1 | 0 | 1 | 1 | 1 | 0 | 1 | 1 | 0 | 1 | 1 |
| 6 | 1 | × | 0 | 1 | 1 | 0 | 1 | 0 | 0 | 1 | 1 | 1 | 1 | 1 |

续表

| 十进制数或功能 | 输入 | | | | | | $\overline{I}_B/\overline{Y}_{BR}$ | 输出 | | | | | | |
|---|---|---|---|---|---|---|---|---|---|---|---|---|---|---|
| | $\overline{LT}$ | $\overline{I}_{BR}$ | $A_3$ | $A_2$ | $A_1$ | $A_0$ | | $a$ | $b$ | $c$ | $d$ | $e$ | $f$ | $g$ |
| 7 | 1 | × | 0 | 1 | 1 | 1 | 1 | 1 | 1 | 1 | 0 | 0 | 0 | 0 |
| 8 | 1 | × | 1 | 0 | 0 | 0 | 1 | 1 | 1 | 1 | 1 | 1 | 1 | 1 |
| 9 | 1 | × | 1 | 0 | 0 | 1 | 1 | 1 | 1 | 1 | 0 | 0 | 1 | 1 |
| 10 | 1 | × | 1 | 0 | 1 | 0 | 1 | 0 | 0 | 0 | 1 | 1 | 0 | 1 |
| 11 | 1 | × | 1 | 0 | 1 | 1 | 1 | 0 | 0 | 1 | 1 | 0 | 0 | 1 |
| 12 | 1 | × | 1 | 1 | 0 | 0 | 1 | 0 | 1 | 0 | 0 | 0 | 1 | 1 |
| 13 | 1 | × | 1 | 1 | 0 | 1 | 1 | 1 | 0 | 0 | 1 | 0 | 1 | 1 |
| 14 | 1 | × | 1 | 1 | 1 | 0 | 1 | 0 | 0 | 0 | 1 | 1 | 1 | 1 |
| 15 | 1 | × | 1 | 1 | 1 | 1 | 1 | 0 | 0 | 0 | 0 | 0 | 0 | 0 |
| 灭灯 | × | × | × | × | × | × | 0 | 0 | 0 | 0 | 0 | 0 | 0 | 0 |
| 灭零 | 1 | 0 | 0 | 0 | 0 | 0 | 0 | 0 | 0 | 0 | 0 | 0 | 0 | 0 |
| 试灯 | 0 | × | × | × | × | × | 1 | 1 | 1 | 1 | 1 | 1 | 1 | 1 |

74LS48 的输入信号 $A_3A_2A_1A_0$ 是四位二进制信号（8421BCD 码）；$a$、$b$、$c$、$d$、$e$、$f$、$g$ 是七段译码器的输出驱动信号，高电平有效。可直接驱动共阴极七段数码管，$\overline{LT}$、$\overline{I}_{BR}$、$\overline{I}_B/\overline{Y}_{BR}$ 是使能信号，起辅助控制作用。

使能信号的作用如下：

（1）$\overline{LT}$ 为试灯输入信号，当 $\overline{LT}=0$，$\overline{I}_B/\overline{Y}_{BR}=1$ 时，不管其他输入是什么状态，$a\sim g$ 七段全亮。

（2）$\overline{I}_B$ 为灭灯输入信号，当 $\overline{I}_B=0$ 时，不论其他输入状态如何，$a\sim g$ 均为 0，显示管熄灭。

（3）$\overline{I}_{BR}$ 为动态灭零输入信号，当 $\overline{LT}=1$，$\overline{I}_{BR}=0$ 时，如果 $A_3A_2A_1A_0=0000$，$a\sim g$ 均为 0，各段熄灭。

（4）$\overline{Y}_{BR}$ 为动态灭零输出信号，它与灭灯输入信号 $\overline{I}_B$ 共用一个引出端。当 $\overline{I}_B=0$，或 $\overline{I}_{BR}=0$ 且 $\overline{LT}=1$，$A_3A_2A_1A_0=0000$ 时，输出才为 0。片间 $\overline{Y}_{BR}$ 与 $\overline{I}_{BR}$ 配合，可用于熄灭多位数字前后所不需要显示的零。

# 四、RS 触发器

（1）保持状态。当输入端接入 $\overline{R}=\overline{S}=1$ 的电平时，若基本 RS 触发器现态为 $Q=1$，$\overline{Q}=0$，则触发器次态为 $Q=1$，$\overline{Q}=0$；若基本 RS 触发器的现态为 $Q=0$，$\overline{Q}=1$，则触发器的次态为 $Q=0$，$\overline{Q}=1$，即 $\overline{R}=\overline{S}=1$ 时，触发器保持原状态不变。

（2）置 0 状态。当 $\overline{R}=0$，$\overline{S}=1$ 时，如果基本 RS 触发器的现态为 $Q=1$，$\overline{Q}=0$，因为 $\overline{R}=0$ 会使 $\overline{Q}=1$，而 $\overline{Q}=1$ 与 $\overline{S}=1$ 共同作用使 $Q$ 翻转为 0；如果基本 RS 触发器的现态为 $Q=0$，$\overline{Q}=1$，同理会使 $Q=0$，$\overline{Q}=1$。只要输入信号 $\overline{R}=0$，$\overline{S}=1$，无论基本 RS 触发器的输出现态

如何,均会使输出次态置为 0 态。

（3）置 1 状态。当 $\overline{R}=1$, $\overline{S}=0$ 时,如果触发器的现态为 $Q=1$, $\overline{Q}=0$,因 $\overline{S}=0$,会使 $G_1$ 的输出端次态翻转为 1,而 $\overline{Q}=1$ 和 $\overline{R}=1$ 共同使 $G_2$ 的输出端 $Q=0$;同理,当 $Q=1$, $\overline{Q}=0$ 时,也会使触发器的次态输出为 $Q=1$, $\overline{Q}=0$;只要 $\overline{R}=1$, $\overline{S}=0$,无论触发器现态如何,均会将触发器置 1。

（4）不定状态。当 $\overline{R}=\overline{S}=0$ 时,无论触发器的原状态如何,均会使 $Q=1$, $\overline{Q}=1$。在脉冲去掉,$\overline{R}$ 和 $\overline{S}$ 同时恢复高电平后,触发器的新状态要看 $G_1$ 和 $G_2$ 两个门翻转速度的快慢,所以称 $\overline{R}=\overline{S}=0$ 是不定状态。在实际电路中要避免此状态的出现。基本 $RS$ 触发器的逻辑图、逻辑符号和波形图如图 6-5 所示。

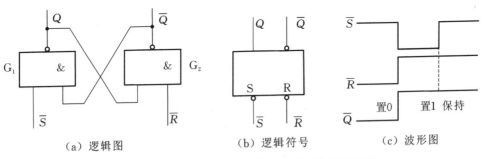

（a）逻辑图 　　　　（b）逻辑符号 　　　　（c）波形图

**图 6-5　基本 $RS$ 触发器的逻辑图、逻辑符号和波形图**

表 6-3 所示为基本 $RS$ 触发器的功能真值表,用它来描述 $RS$ 触发器的逻辑功能。

**表 6-3　基本 $RS$ 触发器的功能真值表**

| $\overline{S}$ | $\overline{R}$ | $Q^{n+1}$ | 功能 |
| --- | --- | --- | --- |
| 0 | 0 | × | 不定 |
| 0 | 1 | 1 | 置1 |
| 1 | 0 | 0 | 置0 |
| 1 | 1 | $Q^n$ | 保持 |

基本 $RS$ 触发器的逻辑功能表达式（又称为特性方程）如下所示,$\overline{S} \cdot \overline{R}=0$ 为约束条件。图 6-6 所示为 74LS279 的管脚引线图。

$$\begin{cases} Q^{n+1}=S+\overline{R}Q^n \\ \overline{S} \cdot \overline{R}=0 \end{cases}$$

式中:$Q^n$ 为现态,即原态;$Q^{n+1}$ 为次态,即新状态。

综上所述,基本 $RS$ 触发器具有置 0、置 1、保持功能且不允许 $\overline{S}$ 与 $\overline{R}$ 同时为 0。集成产品 74LS279 就是这种 $RS$ 触发器。

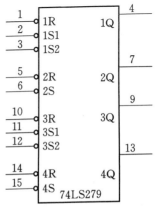

**图 6-6　74LS279 的管脚引线图**

## 五、计数器

十进制计数器品种很多,有十进制加法计数器、十进制减法计数器和十进制可逆计数器,下面以74LS192同步十进制可逆计数器为例介绍它的功能特点。74LS192的功能简图如图6-7所示,真值表见表6-4,部分端口的功能如下:

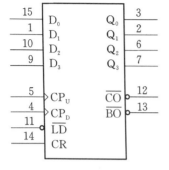

**图6-7 74LS192的功能简图**

(1) CR是异步清零端,高电平有效。

(2) $\overline{LD}$是并行置数端,低电平有效,且在$CR=0$时有效。

(3) CP$_U$和CP$_D$是两个时钟脉冲输入端,当$CP_D=1$时,时钟脉冲由CP$_U$端接入,且$CR=0$,$\overline{LD}=1$时,74LS192处于加法计数状态;当$CP_U=1$时,脉冲从CP$_D$端输入,且$CR=0$,$\overline{LD}=1$时,7413192处于减法计数状态;当$CP_U=CP_D=1$时,计数器处于保持状态。

(4) $\overline{CO}$是进位端,$\overline{BO}$是借位端。

**表6-4 74LS192的真值表**

| $CR$ | $\overline{LD}$ | $CP_U$ | $CP_D$ | $D_3$ | $D_2$ | $D_1$ | $D_0$ | $Q_3^{n+1}$ | $Q_2^{n+1}$ | $Q_1^{n+1}$ | $Q_0^{n+1}$ |
|---|---|---|---|---|---|---|---|---|---|---|---|
| 1 | × | × | × | × | × | × | × | 0 | 0 | 0 | 0 |
| 0 | 0 | × | ↑ | $d_3$ | $d_2$ | $d_1$ | $d_0$ | $d_3$ | $d_2$ | $d_1$ | $d_0$ |
| 0 | 1 | ↑ | 1 | × | × | × | × | 加法计数 | | | |
| 0 | 1 | 1 | ↑ | × | × | × | × | 减法计数 | | | |
| 0 | 1 | 1 | 1 | × | × | × | × | 保持 | | | |

## 六、8路抢答器的设计

(1) 总电路框图设计。

(2) 抢答器各部分之间逻辑关系的设计。

(3) 抢答号显示电路设计。

(4) 延时显示电路设计。

(5) 秒脉冲信号发生电路设计。

(6) 蜂鸣器电路(报警电路)设计。

(7) 逻辑控制电路设计。

(8) PCB图设计。

(9) 安装图设计。

抢答器电路各部分间的逻辑关系如图6-8所示。其中,秒脉冲信号发生电路为整个系统提供基本时钟,系统在基本时钟驱动下完成各部分时序动作;抢答号显示电路的功能是在特定的时间之内显示出第一个按下的按键号码。抢答号显示电路中设计了自锁电路,使得在第一个键按下后,其他按键不起作用。

逻辑控制电路(见图6-9)完成各个电路间的信号逻辑变换。延时显示电路(见图6-10)

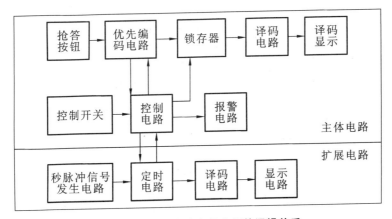

图 6-8 抢答器电路各部分间的逻辑关系

的功能是当开关按下后开始显示计时时间。蜂鸣器电路控制蜂鸣器在适当的工作时段发出声音提示。抢答号显示电路如图 6-11 所示。

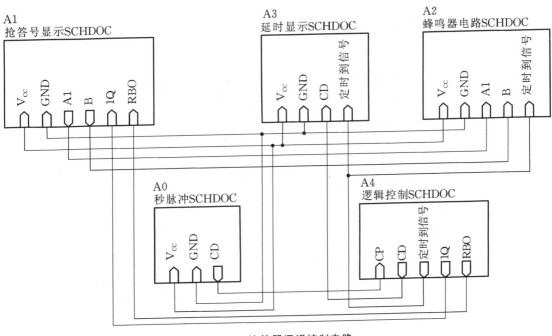

图 6-9 抢答器逻辑控制电路

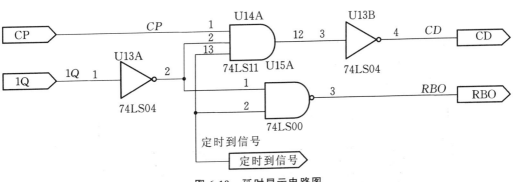

图 6-10 延时显示电路图

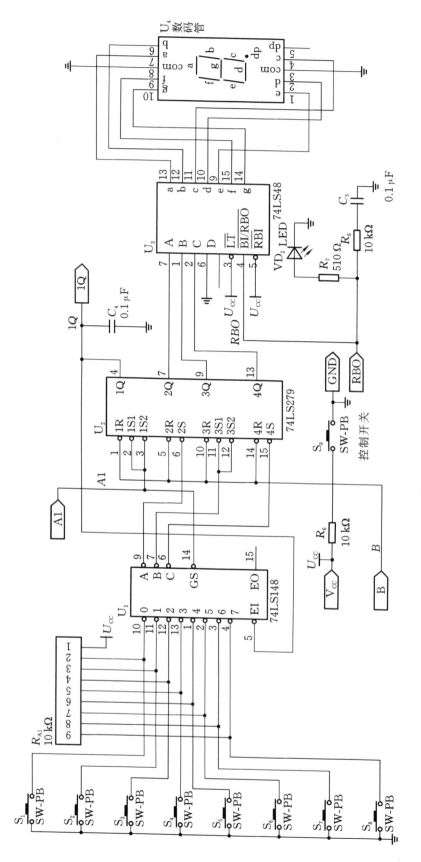

图6-11 抢答号显示电路

抢答号显示电路由优先编码器 $U_1$、$RS$ 触发器 $U_2$、译码驱动器 $U_3$ 及数码管 $U_4$ 组成。$S_1 \sim S_8$ 是 8 个抢答按键。抢答时最先按下的按键号被 $U_1$ 编码,送到 $RS$ 触发器 $U_2$ 的输入端,$Y_{EX}$ 非被送到 $1S$,按键号被送到 $2S$、$3S$ 和 $4S$。$U_2$ 的输出分别是 $1Q$、$2Q$、$3Q$ 和 $4Q$。其中,$1Q$ 锁存了 $Y_{EX}$ 非,$1Q=1$,即为按键有效。$1Q$ 又被返送回 $U_1$ 的 $EI$ 非端,使 $U_1$ 禁止编码。此时,按键号被锁存到 $U_2$ 中,直到下一次按下主持人控制开关。同时,$U_2$ 中的按键号又被送到译码器 $U_3$ 经 $U_4$ 显示出来。图中 $RBO$ 信号是禁止显示信号。当 $RBO=1$ 时,禁止显示;当 $RBO=0$ 时,正常显示抢答号。

秒脉冲信号发生电路如图 6-12 所示。

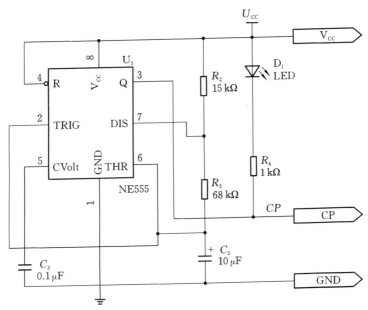

**图 6-12  秒脉冲信号发生电路**

蜂鸣器电路如图 6-13 所示。主电路由 74121 单稳态触发器组成,当输入端 3、4、5 引脚符合表 6-5 时,Q 端输出一个延时高电平,由晶体管 $VT_1$ 驱动蜂鸣器 $B_1$ 发出响声。声音持续时间由 $R_1$、$C_1$ 的时间常数决定。输入/输出显示见表 6-5。

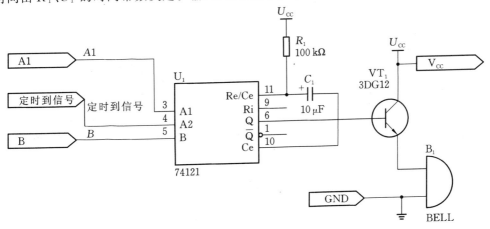

**图 6-13  蜂鸣器电路**

表 6-5  输入/输出显示

| 输入 | | | 输出 | |
| --- | --- | --- | --- | --- |
| A1 | A2 | B | Q | $\overline{Q}$ |
| L | × | H | L | H |
| × | L | H | L | H |
| × | × | L | L | H |
| H | H | × | L | H |
| H | ↓ | H | ⎍ | ⎍̄ |
| ↓ | H | H | ⎍ | ⎍̄ |
| ↓ | ↓ | H | ⎍ | ⎍̄ |
| L | × | ↑ | ⎍ | ⎍̄ |
| × | L | ↑ | ⎍ | ⎍̄ |

逻辑控制电路如图 6-14 所示。电路由一个三输入与门 U14A,两个非门 U13A、U13B 和一个与非门 U15A 组成,图中 CP 是秒脉冲信号发生电路输出的时钟信号,1Q 是有键按下时的锁存信号。1Q 为高电平时有效。从图中可以看出,1Q=1 时,U13A 输出为 0,这个信号将 U14A 与 U15A 两个门封锁,使 U14A 输出恒为 0,U15A 输出恒为 1。从图中还可发现,定时到信号与 1Q 有相似之处。当定时到信号为 0 时,也将 U14A 与 U15A 两个门封锁,使 U14A 输出恒为 0,U15A 输出恒为 1。CD 是本电路的一个输出信号,实际上是一个受控的时钟信号。当定时到信号为 1,1Q=0 时,CD 是一个与 CP 反相位的方波脉冲。当上述条件不成立时,CD 恒为 1,RBO 是本电路的另一个输出端,它控制抢答号的显示。RBO=1 时,抢答号可以显示。RBO=0 时,抢答号不显示。

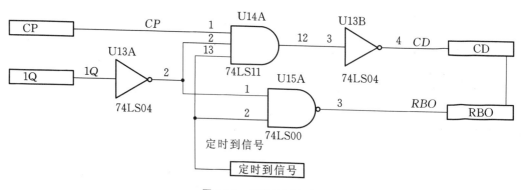

图 6-14  逻辑控制电路

按下开关，74LS279 的 $R$ 为零，$1Q \sim 4Q$ 为零，74LS148 的使能端 $EI$ 为零，启动该芯片。无论哪位抢答者按下抢答开关，74LS148 都有对应输出，同时 $GS$ 输出为零，使 $1Q = 1$，通过 $EI$ 封锁 74LS148。此时，其他抢答者再按下抢答开关均不起作用。

抢答器电路 PCB 图如图 6-15 所示。

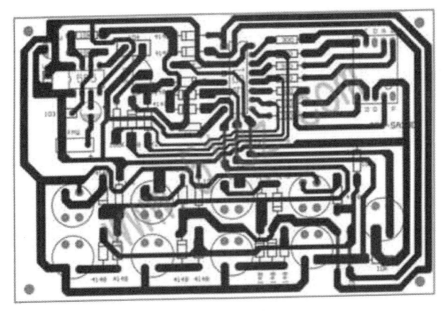

图 6-15 抢答器电路 PCB 图

抢答器电路 PCB 效果图如图 6-16 所示。

图 6-16 抢答器电路 PCB 效果图

## 七、8 路抢答器的焊接与调试

### 1. 焊接

通过实验原理图进行实物焊接,焊接时深刻体会焊接工艺的重要性。各个芯片的引脚功能不能混淆,必须了解各个芯片的使用方法、内部结构以及使用时的注意事项。该接电源的一定要接电源,该接地的一定要接地,且不能有悬空。同时,在印制电路板上要预先确定电源的正负端,便于区分及焊接。正确焊接各芯片的管脚,查阅各种资料并记录,以确保在焊接和调试过程中芯片不被烧坏,同时确保整个电路的正确性。在焊接完毕后每块芯片都要用万用表进行检测,看是否有短接等。另外,焊接时要尽量使布线规范清晰明了,这样有利于在调试过程中检查电路。

### 2. 调试中出现的问题及解决方法

1）显示电路不稳定

在完成电路的焊接进入调试阶段时,若发现抢答器数码管显示选手编号不稳定(主要表现在某选手按下抢答键后数码管显示的不是该选手当前号码),需要对电路进行检查。首先检查数码管是否焊接错误,然后检查电路各个芯片管脚是否接错,若均未发现问题,应检查是否出现虚焊。

2）控制开关无法控制电路

若按下开关时电路断电,松开后数码管显示始终为某一选手号,应用万用表逐个检查,若发现是开关处焊接错误,改正焊接后电路便能正常工作。

3）数码管不能正常倒计时

在进入定时电路调试时,发现数码管不能正常倒计时,出现乱码。首先检查芯片是否完好、电路接线是否正确,若均未发现问题,应检查焊接时焊线地方是否出现短接。

# 任务二　MF 47 型指针式万用表的组装与调试

## 一、MF 47 型指针式万用表的结构

**图 6-17　万用表外观图**

万用表俗称多用表、三用表、复用表,分为指针式和数字式两种,本节主要介绍 MF 47 型指针式万用表(见图 6-17)。万用表可以测量直流电流、直流电压、交流电压和电阻等多种电量。当转换开关调到直流电流挡时,可分别与 5 个接触点接通,用于测量 500 mA、50 mA、5 mA 和 500 μA、50 μA 量程的直流电流。同样,当转换开关调到欧姆挡时,可分别测量 ×1 Ω、×10 Ω、×100 Ω、×1 kΩ、×10 kΩ 量程的电阻;当转换开关调到直流电压挡时,可分别测量 0.25 V、1 V、2.5 V、10 V、50 V、250 V、500 V、1 000 V 量程的直流电压;当转换开关调到交流电压挡,可分别测量 10 V、50 V、250 V、500 V、1 000 V 量程的交流电压。

万用表由机械部分(选择开关)、显示部分(表头)与电气部分(测量线路)三大部分组成。

机械部分包括外壳、挡位开关旋钮及电刷等;显示部分是表头,MF 47 型指针式万用表采用控制显示面板和表头一体化结构;电气部分由测量线路板、电位器、电阻、二极管、电容等部分组成。测量线路板将不同性质和大小的被测电量转换为表头所能接收的直流电流,它由五部分组成:公共显示部分、直流电流部分、直流电压部分、交流电压部分和电阻部分。线路板上每个挡位的分布如图 6-18 所示。

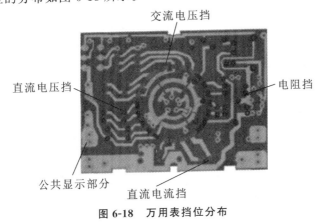

图 6-18  万用表挡位分布

万用表的表盘标度尺刻度线与挡位开关(用来选择被测电量的种类和量程)旋钮指示盘均为红、绿、黑三色,分别按交流红色、晶体管绿色、其余黑色对应制成,共有 7 条专用刻度线,刻度分开,便于读数;配有反光铝膜,消除了视差,提高了读数精度。

万用表的正面有一个黑色旋钮(有的万用表此旋钮在一侧),为调零器。把定位挡调到电阻挡上,红、黑两表笔金属部分接触时,若万用表指针指示不为零,则可旋转此旋钮来调整,使指示为零(数字式万用表显示数字为零);有一个可旋的定位挡,用来选定当前的测量状态,分为电阻挡 Ω、直流电压挡 V、交流电压挡 V~、交流电流挡 A~、直流电流挡 A、二极管挡、晶体管挡等。万用表的左下方有两个插孔,分别标为"+"与"−",分别用于插红表笔与黑表笔。MF 47 型指针式万用表还提供 2 500 V 交直流电压扩大插孔和直流 5 A 插孔,使用时分别将红、黑表笔插入对应插孔中即可。MF 47 型指针式万用表除交直流 2 500 V 和直流 5 A 分别有单独的插座外,其余只需转动一个选择开关,使用方便。万用表装有提把,不仅便于携带,而且可在必要时做倾斜支撑,便于读数。

## 二、MF 47 型指针式万用表的工作原理

MF 47 型指针式万用表的原理图如图 6-19 所示。

MF 47 型指针式万用表的显示表头是一个直流电流表,电位器 WH2 用于调节表头回路中的电流大小,$VD_3$、$VD_4$ 两个二极管反向并联并与电容并联,用于限制表头两端的电压,起保护表头的作用。电阻挡分为 ×1 Ω、×10 Ω、×100 Ω、×1 kΩ、×10 kΩ 几个量程,当转换开关调到某一个量程时,与某一个电阻形成回路,使表头偏转,测出阻值的大小。此外,万用表还可以测量电压、电流和二极管、晶体管等的相关参数。

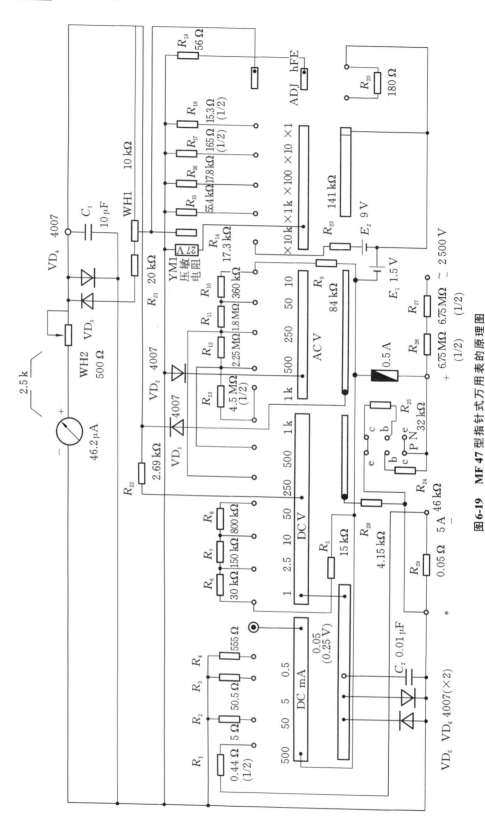

图6-19 MF 47型指针式万用表的原理图

### 1. 测电流

电流分为直流和交流。测量直流电流时，挡位应设在直流电流挡 A 上。

测直流电流时，根据所测线路中电流的估计值，把挡位打在相应量程上，然后把两表笔与所测元器件两侧分别接触（注意红、黑表笔金属部分不要接触），从表头中读出指针所指示的数值即可（数字式万用表则显示所测数值）。如果不能估计出所测电流值的大小，应把量程调到最大。如图 6-20(a)所示，在表头上并联一个适当的电阻（称为分流电阻）进行分流，就可以扩展电流量程。改变分流电阻的阻值，就能改变电流测量范围。

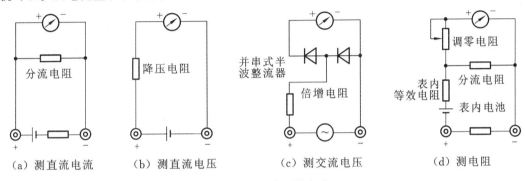

（a）测直流电流　　（b）测直流电压　　（c）测交流电压　　（d）测电阻

图 6-20　万用表测量电路

### 2. 测电压

电压分为直流和交流。测量直流电压时，挡位应调到直流电压挡 V 上。如图 6-20(b)所示，在表头上串联一个适当的电阻（称为降压电阻）进行降压，就可以扩展电压量程。改变降压电阻的阻值，就能改变电压的测量范围。测量交流电压时，挡位应调到交流电压挡 V～上。如图 6-20(c)所示，因为表头是直流表，所以测量交流时，须加装一个并串式半波整流电路，将交流整流成直流后再通过表头，这样就可以根据直流电压的大小来测量交流电压。扩展交流电压量程的方法与扩展直流电压量程相似。

若测交流电压，因常用的交流电压为 220 V、380 V，故测量时可把挡位量程调到 250 V 或 500 V 上，然后把两表笔金属部分插入所测电路中，读数时结合量程和表头指针示数即可。常用直流电压有 1.5 V、5 V、12 V 等，测直流电压时，一般把量程调到 50 V 即可。若超出测量范围，把定位挡调到更大的挡位上。如果不能估测出所测数值的大小，应把量程调到最大。

### 3. 测电阻

首先将两表笔搭在一起短路，使指针向右偏转，随即调整"Ω"调零旋钮，使指针恰好指到 0，然后将两表笔分别接触被测电阻（或电路）两端，读出指针在欧姆刻度线（第一条线）上的读数，再乘以该挡标的数字，就是所测电阻的阻值。例如，用 $R \times 100$ 挡测量电阻，指针指在 80，则所测得的电阻值为 $80 \times 100 \ \Omega = 8 \ k\Omega$。如图 6-20(d)所示，在表头上并联和串联适当的电阻，同时串接一节电池，使电流通过被测电阻，根据电流的大小即可测量出电阻值。改变分流电阻的阻值，就能改变电阻的量程。

由于"Ω"刻度线左部读数较密，难以看准，所以测量时应选择适当的欧姆挡。为了保证测量的精度,要使测出的阻值在满刻度的 2/3 位置,过大或过小都会影响读数,应及时调整量程。每次换挡,都应重新将两根表笔短接,重新调整指针到零位,才能测准。

> **注意**:测量电路中的电阻时,应先切断电源,若电路中有电容则应先放电。

万用表是比较精密的仪器,如果使用不当,不仅造成测量不准确,而且极易损坏。但是,只要掌握万用表的使用方法和注意事项,谨慎从事,那么万用表就能经久耐用。使用万用表时应注意如下事项:

(1)测量电流与电压时不能选错挡位。如果误用电阻挡或电流挡去测电压,就极易烧坏电表。万用表不用时,最好将挡位调到交流电压最高挡,避免因使用不当而损坏。

(2)测量直流电压和直流电流时,注意"+""-"极性,不要接错。如发现指针反转,应立即调换表笔,以免损坏指针及表头。如果不知道被测电压或电流的大小,应先用最高挡,而后再选用合适的挡位来测试,以免表针偏转过度而损坏表头。所选用的挡位越靠近被测值,测量的数值就越准确。

(3)测量电阻时,不要用手触及元器件引脚的两端(或两支表笔的金属部分),以免人体电阻与被测电阻并联,使测量结果不准确。测量电阻时,将两支表笔短接,调"零欧姆"旋钮至最大,指针仍然达不到零点,说明表内电池电压不足,应更换新电池后再测量。

(4)万用表不用时,不要旋在电阻挡,因为内有电池,易使两表笔相碰短路,不仅耗费电池,严重时甚至会损坏表头。

## 三、万用表的常用检测功能

### 1. 电阻的检测

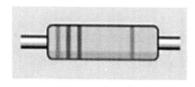

**图 6-21 色环电阻**

电阻是电子电路的常用元件,对电流具有阻碍作用,常用于控制电路中电流和电压的大小。普通电阻可用万用表直接测量,也可以通过色环识别。例如,色环电阻通常有 4 条色环(见图 6-21),其中有一条色环与其他色环的间相距较大,且色环较粗,读数时应按图中位置摆放,从左至右读出。

每条色环的意义见表 6-6。对于四色环电阻,第 1 条色环表示第 1 位数字,第 2 条色环表示第 2 位数字,第 3 条色环表示乘数,第 4 条色环表示误差。

表 6-6 电阻色环的表示意义

| 颜色 | color | 第 1 位数字 | 第 2 位数字 | 第 3 位数字(5 色环电阻) | 乘数 | 误差 |
|---|---|---|---|---|---|---|
| 黑 | black | 0 | 0 | 0 | $10^0 = 1$ | — |
| 棕 | brown | 1 | 1 | 1 | $10^1 = 10$ | $+1\%$ |

续表

| 颜色 | color | 第1位数字 | 第2位数字 | 第3位数字(5色环电阻) | 乘数 | 误差 |
|------|-------|-----------|-----------|---------------------|------|------|
| 红 | red | 2 | 2 | 2 | $10^2 = 100$ | $\pm 2\%$ |
| 橙 | orange | 3 | 3 | 3 | $10^3 = 1\ k$ | — |
| 黄 | yellow | 4 | 4 | 4 | $10^4 = 10\ k$ | |
| 绿 | green | 5 | 5 | 5 | $10^5 = 100\ k$ | $\pm 0.5\%$ |
| 蓝 | blue | 6 | 6 | 6 | $10^6 = 1\ M$ | $\pm 0.25\%$ |
| 紫 | purple | 7 | 7 | 7 | $10^7 = 10\ M$ | $\pm 0.1\%$ |
| 灰 | grey | 8 | 8 | 8 | — | $\pm 0.05\%$ |
| 白 | white | 9 | 9 | 9 | — | |
| 金 | gold | — | — | — | $10^{-1} = 0.1$ | $\pm 5\%$ |
| 银 | silver | — | — | — | $10^{-2} = 0.01$ | $\pm 10\%$ |
| 无色 | — | | | — | — | $\pm 20\%$ |

将所取电阻对照表6-6进行读数。例如,第1条色环为绿色,表示5;第2条色环为蓝色,表示6;第3条色环为黑色,表示乘$10^0$;第4条色环为红色,那么它的阻值为$56 \times 10^0\ \Omega = 56\ \Omega$,误差为$\pm 2\%$。

从上可知,金色和银色只能是乘数和允许误差,一定放在最右边;表示允许误差的色环离其他色环稍远。本任务使用的电阻大多数允许误差为$\pm 1\%$,用棕色色环表示,因此棕色一般都在最右边。

测量阻值时应将万用表的挡位开关旋钮调整到电阻挡,预估被测电阻的阻值,将挡位开关旋钮调到合适的量程,短接红、黑表笔,调整电位器旋钮,将万用表调零。注意,电阻挡调零电位器在表的右侧,不能调表头中间的小旋钮,该旋钮用于表头本身的调零。调零后,用万用表测量每个插放好的电阻的阻值。测量不同阻值的电阻时要使用不同的挡位,每次换挡后都要调零。为了保证测量的精度,要使测出的阻值在满刻度的2/3左右,过大或过小都会影响读数,应及时调整量程。一定要先插放电阻,后测阻值,这样不但检查了电阻的阻值是否准确,而且检查了元件的插放是否正确。如果插放前测量电阻,只能检查元件的阻值,而不能检查插放是否正确。

**2. 电解电容极性的判断**

在电解电容侧面有"—"标识是负极。如果电解电容上没有标明正负极,也可以根据引脚的长短来判断,长脚为正极,短脚为负极。如果已经把引脚剪短,且电解电容上没有标明正负极,那么可以用万用表来判断,判断的方法是正接时漏电流小(阻值大),反接时漏电流大。

**3. 二极管、晶体管的检测**

(1)检测二极管。把挡位开关调到二极管挡或$R \times 10$挡,然后把两表笔放于二极管引脚上,若显示的电阻很小(一般是几欧姆以下),则说明该二极管是好的,同时说明黑表笔所测端为二极管的正极,另一端为二极管的负极(万用表在电路中,红表笔接电源电池负极,黑表笔接电池正极)。假如二极管是好的,但两表笔极性接反,则所测电阻非常大(一般为几十千欧以上)。如果二极管是坏的,则无论怎么测,电阻都很大(一般也为几十千欧以上)。

(2)检测晶体管。把挡位开关调到晶体管 ADJ 挡位,将红、黑表笔短接,调节调零器,使指针对准"$300h_{FE}$"刻度线上,然后转动挡位到"$h_{EF}$"位置,将被测晶体管管脚分别插入晶体管测试座的 e、b、c 管座内,指针偏转所示数值即约为晶体管的直流放大倍数值。NPN 型晶体管应插入 N 型管孔内,PNP 型晶体管应插入 P 型管孔内,即把晶体管根据管型插入不同槽中。

**4. 电位器的检测**

用万用表测量电位器引脚的阻值。电位器共有 5 个引脚,其中 3 个并排的引脚中,1、3 两点为固定触点,2 为可动触点,当旋钮转动时,1、2 或 2、3 间的阻值会发生变化。如果没有阻值或阻值没有变化,说明电位器已经损坏。

# 四、MF 47 型指针式万用表的焊接与安装

## 1. 元器件的焊接安装

取出印制电路板,将各元器件按印制电路板黄色面上的标识插在印制电路板上,并用电烙铁焊接牢固,如图 6-22 所示。

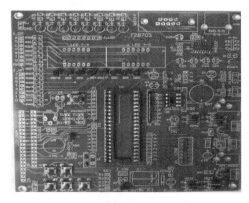 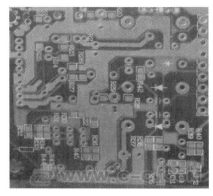

(a) 印制电路板正面图　　　　　　　　(b) 印制电路板背面图

**图 6-22　将元器件安装在印制电路板上**

1) 元器件的焊接

检查每个元器件的插放是否正确、整齐,二极管、电解电容极性是否正确,电阻读数是否一致(横排的从左向右读,竖排的从下向上读),全部合格后方可进行元器件的焊接。

焊接完毕的元器件,要求排列整齐、高度一致。为了保证焊接的整齐美观,焊接时应将印制电路板架在焊接木架上焊接,两边架空的高度要一致。元器件插好后,要调整位置,使它与桌面相接触,保证每个元器件焊接高度一致。焊接时,电阻不能离开印制电路板太远,

也不能紧贴印制电路板焊接,以免影响电阻的散热。

应先焊水平放置的元器件,后焊垂直放置的或体积较大的元器件,如分流器、可调电阻器等。

焊接时不允许用电烙铁运载焊锡丝,因为烙铁头的温度很高,焊锡在高温下会使助焊剂分解挥发,易造成虚焊等焊接缺陷。

2)电位器的安装

安装时应捏住电位器的外壳,平稳地插入,不应使某一个引脚受力过大。不能捏住电位器的引脚安装,以免损坏电位器。安装前应用万用表测量电位器的阻值。注意,电位器要装在印制电路板的绿色面,不能装在黄色面。

3)分流器的安装

安装分流器时要注意方向,不能让分流器影响印制电路板及其余电阻的安装。

4)输入插管的安装

输入插管装在绿色面,用来插表笔,因此一定要焊接牢固。将输入插管插入印制电路板中,用尖嘴钳在黄色面轻轻捏紧,将输入插管固定(一定要注意垂直),然后将两个固定点焊接牢固。

5)晶体管插座的安装

晶体管插座装在印制电路板绿色面,用于判断晶体管的极性。在绿色面的左上角有6个椭圆形焊盘,中间有2个小孔,用于晶体管插座的定位。将定位凸起物放入小孔中检查是否合适,如果小孔直径小于定位凸起物,应用锥子稍微将孔扩大,使定位凸起物能够插入。将晶体管插片插入晶体管插座中,检查是否松动,应将其拔出并弯成特定的形状,插入晶体管插座中,将其伸出部分折平。

晶体管插片装好后,将晶体管插座装在印制电路板上,定位,检查是否垂直,并将6个椭圆形的焊盘焊接牢固。

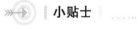 小贴士

(1)焊接工具一般选用35 W电烙铁和0.8 mm直径的焊锡丝。焊接各焊点的时间不宜太长,以免印制电路板上的焊盘因温度过高而脱落。

(2)焊接元器件时,注意不要将焊锡粘在印制电路板绿色面三圈电刷环上。焊接完毕后,可用橡皮将电刷环上的松香及汗渍等残留物擦净,以免造成电刷与电刷环接触不良,影响到万用表的使用。

(3)装配完印制电路板后,应仔细对照装配图,检查元器件焊接部位是否有错漏焊。对于初学者来说,还需检查焊点是否有虚焊、连焊现象,可用镊子轻轻拨动零件,检查是否松动。

**2. 万用表的组装**

1)电池夹的安装

(1)焊接前先要检查电池极板的松紧,如果太紧,应将其调松。调整的方法是用尖嘴钳

将电池极板侧面的凸起物稍微夹平,使它能顺利地插入电池极板插座,且不松动。平极板与凸极板不能对调,否则电路无法接通。焊接时应将电池极板拔起,否则高温会把电池极板插座的塑料烫坏。为便于焊接,应先用尖嘴钳的齿口将电池极板的焊接部位部分锉毛,去除氧化层。用加热的电烙铁沾一些松香放在焊接点上,再加焊锡,为其搪锡。将连接线线头剥出,如果是多股线,应立即将其拧紧,然后沾松香并搪锡(提供的连接线已经搪锡)。用电烙铁运载少量焊锡,烫开电池极板上已有的锡,迅速将连接线插入并移开电烙铁。时间稍长会使连接线的绝缘层烫化,影响其绝缘。

(2)如图 6-23 所示,分别将各个连接线焊接在电池夹的焊接端。

(3)将焊好线的电池片分别插入表头一体化面板上相对应的电池片插孔内。

2)表头正负极线与印制电路板的连接

将表头一体化面板上表头正极线(红线)和负极线(黑线)分别焊在印制电路板正面所标示的 B+ 和 B− 插孔内。

3)电刷旋钮的安装

取出弹簧和钢珠,并放入凡士林中,使其粘满凡士林。加油有两个作用:使电刷旋钮润滑,旋转灵活;起黏附作用,将弹簧和钢珠黏附在电刷旋钮上,防止其丢失。将加上润滑油的弹簧放入电刷旋钮的小孔中,钢珠黏附在弹簧的上方,注意切勿丢失。

观察面板背面的电刷旋钮安装部位,它由 3 个电刷旋钮固定卡(定位卡)、2 个电刷旋钮定位弧、1 个钢珠安装槽和 1 个花瓣形钢珠滚动槽组成。将电刷旋钮平放在面板上,注意电刷放置的方向。用起子轻轻顶,使钢珠卡入花瓣槽内,小心滚掉,然后手指均匀用力将电刷旋钮卡入固定卡。

将面板翻到正面,挡位开关旋钮轻轻套在从圆孔中伸出的小手柄上,慢慢转动旋钮,检查电刷旋钮是否安装正确,应能听到"咔嗒"的定位声。如果听不到,则可能是钢珠丢失或掉进电刷旋钮与面板间的缝隙,这时挡位开关无法定位,应拆除重装。

将挡位开关旋钮轻轻取下,用手轻轻顶小孔中的手柄,同时反面用手依次轻轻扳动 3 个定位卡,注意用力一定要轻且均匀,否则会把定位卡扳断。注意钢珠不能滚掉。

4)V 形电刷的安装

将 V 形电刷安装在表头一体化面板的电刷卡槽内,如图 6-24 所示。

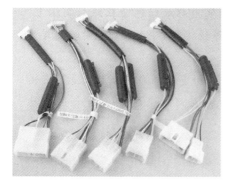

图 6-23　焊接连接线

图 6-24　安装 V 形电刷

**小贴士**

安装完印制电路板后,旋转表头一体化面板上的挡位开关旋钮一周,检查是否灵活。如有阻滞感,应查明原因后加以排除。可重新拆下印制电路板检查印制电路板上电刷(刀位)银条(分段圆弧,位于印制电路板中央),电刷(刀位)银条上应留下清晰的刮痕,如出现痕迹不清晰或电刷银条上无刮痕等现象,应检查电刷与印制电路板上的电刷银条是否接触良好或装错装反。直至挡位开关旋钮旋转时手感良好后,方可进行下一阶段工作。

5)安装电池、后盖和电阻调零旋钮

装后盖时左手拿面板,稍高;右手拿后盖,稍低。将后盖从下向上推入面板,拧上螺钉,注意拧螺钉时用力不可太大或太猛,以免将螺孔拧坏。抽出后盖上的电池盖板,分别将2号电池和9V层叠电池装入电池槽内,注意电池的正负极不要装反,最后合上电池盖板。将电位器旋钮安装在表头一体化面板正面的电位器处。

 **小贴士**

装上电池后需检查电池两端是否接触良好。插入红、黑表笔,将万用表挡位旋钮旋至电阻挡最小挡位,将两表笔搭接,表针应向右偏转。调整电阻调零旋钮,表针应可以准确指示在电阻挡零位位置。依次从最小挡位调整至最大挡位($R \times 1$—蜂鸣器—$R \times 10$ k),每挡均应能调整至电阻挡零位位置。如不能调整至零位位置(常见故障为指针位于零位左边),可能是电池电压不足(更换新电池)或电池电刷接触不良。

6)提把的安装

后盖侧面有两个O形小孔,为提把铆钉安装孔。提把放在后盖上,将两个黑色的提把橡胶垫圈垫在提把与后盖中间,然后从外向里将提把铆钉按其方向卡入,听到"咔嗒"声说明已经安装到位。如果没有听到"咔嗒"声,可能是橡胶垫圈太厚,应更换后重新安装。

大拇指放在后盖内部,四指放在后盖外部。用四指包住提把铆钉,大拇指向外轻推,检查铆钉是否已安装牢固。注意,一定要用四指包住提把铆钉,否则会使其丢失。

将提把转向朝下,检查其是否能起支撑作用,如果不能支撑,说明橡胶垫圈太薄,应更换后重新安装。

## 五、万用表的测试及故障分析

万用表套件中所提供的各种零部件都是预先经过标准化设计的。安装完成的万用表只要正确装配,不少零件,不漏焊、虚焊焊点,通常不需要逐挡检测,其测量精度即可达到一般指针式万用表的各种技术指标。但是,在没有专业仪器的情况下应如何检测挡位呢?下面介绍几个基本的挡位检测方法。

在检测自装万用表前,需准备电流/电压源和用于对比检测的标准表。

**1. 电流/电压源**

可以使用成品 MF 47 型指针式万用表替代。将挡位旋钮调到电阻挡,此时表笔插口输出的电流约为 100 mA($R\times1$ 挡)、10 mA($R\times10$ 挡)、1 mA($R\times100$ 挡)、0.1 mA($R\times1$ k 挡),输出的直流电压约为 1.5 V($R\times1$ 挡)。如果能找到专用的电压/电流源,可以逐个检测所有量程的挡位。

**2. 标准表**

可以用同型号指针表,检测时标准表与被测表以相同挡位进行对比测量;也可以使用精度较高的数字式万用表,检测时两只表应选择功能相同、量程相近的挡位进行对比测量。

1) 电流挡的检测

(1) 检测电路如图 6-25 所示。

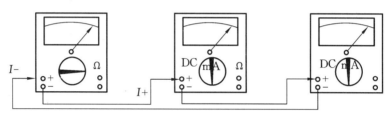

**图 6-25　检测电路**

(2) 将表(一)的挡位旋钮调到电阻挡上,使其输出相应的电流。

(3) 将标准表和被测表的挡位旋钮调到相同的电流挡位置,如两只表显示值相同,则被测表与标准表同样准确。

2) 直流电压挡的检测

(1) 将电池、标准表和被测表并联连接,如图 6-26 所示。

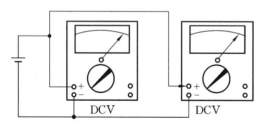

**图 6-26　直流电压挡的检测连接电路**

(2) 将标准表和被测表的挡位旋钮分别调到相同的直流电压挡,如两只表显示值相同,则被测表与标准表同样准确。

3) 交流电压挡的检测

将标准表和被测表的挡位旋钮分别调到交流 250 V 或 500 V 挡,分别测试市电 220 V,如两只表显示值相同,则被测表与标准表同样准确。

4) 直流电阻挡的检测

(1) 准备一些普通电阻,阻值尽可能靠近被测表的中心值。例如,MF 47 型指针式万用表中心值为 16.5,可分别选用 16 Ω($R\times1$ 挡用)、160 Ω($R\times10$ 挡用)、1.6 kΩ($R\times100$ 挡用)、16 kΩ($R\times1$ k 挡用),160 kΩ($R\times10$ k 挡用)。

(2) 将电池装入万用表,按照 $R\times1$ 挡—$R\times10$ 挡—$R\times100$—$R\times1$ k—$R\times10$ k 挡的顺序逐挡测量。用标准表和被测表分别测量同样阻值的电阻,若两只表显示值相同,则被测表与标准表同样准确。

**小贴士**

（1）指针式万用表每更换一次挡位后，必须重新调零，即短接万用表的两表笔，调整电阻调零旋钮，使指针准确地指向表盘右边的零位（满度零位）。

（2）测量高阻值电阻时，应避免用手接触电阻两端，否则测量数值不准确。

### 3. 故障分析

1）测量所有挡位表针都没有反应

（1）检查表笔和熔丝是否完好。

（2）表内零件或接线漏装错装，电刷与线路板接触不良。

（3）表头损坏。

2）电压、电流挡测量正常，电阻挡不能测量

（1）表内电池没有装或者没电。

（2）电池和电池夹接触不良。

（3）电池夹上的连接线没连好。

3）使用直流电压/电流挡时，测量极性正确，但表头指针反向偏转

检查表头上红黑线是否接反。

4）使用电阻挡时，表头指针反向偏转

检查电池极性是否装反。

5）电压或电流的测量值偏差很大

（1）电路板上的零件错装、漏装、虚焊。

（2）相关电阻损坏。

6）电阻挡测量值偏差很大

印制电路板上的 15.3 Ω 或 165 Ω 电阻烧坏。

7）表头指针不能准确停留在左边零位

用一字螺钉旋具调整表头一体化面板上的机械调零，一般情况下都可以将指针细调至准确的位置。如果指针偏差较大，调整机械调零仍然调整不到零位，可以用镊子拨动表头一体化面板后部的焊片（见图 6-27）进行粗调，然后用机械调零进行细调。

### 4. 万用表的校验

（1）对组装好的万用表的准确度进行校验，看其是否满足仪表的技术规范。

（2）万用表的准确度等级用基本误差百分数的数值来表示，如下所示：

电压或电流：

$$\gamma_V（或 \gamma_I）=\frac{测量值-标准值}{满度值}\times100\%$$

**图 6-27 粗调焊片**

电阻：

$$\gamma_V（或\ \gamma_I）=\frac{测得值弧长-标准值弧长}{标度尺弧长}\times100\%$$

（3）将测试数据填入表 6-7。

表 6-7　测试数据

| 项目 | 电阻/Ω | | | | | 直流电压/V | | 交流电压/V | | 电流/mA | | |
|------|------|------|------|------|------|------|------|------|------|------|------|------|
| 标准值 | 9 | 90 | 900 | 9 k | 90 k | 50 | 100 | 100 | 200 | 30 | 50 | 70 |
| 测量值 | | | | | | | | | | | | |
| 误差 | | | | | | | | | | | | |

校验万用表的准确度时应逐挡进行，若超过误差要求则需调整，更换元器件。

（4）针对表盘练习读数。

# ◀ 任务三　晶体管收音机的组装与统调 ▶

## 一、无线电信号传播的方式

无线电信号传播主要有地波传播（适合长波、超长波和极长波）、电离层传播（适合长波、中波、短波）、视距传播（地面视距适合微波和超短波，地面和空间视距适合卫星、天文、气象和雷达、空间与空间）、散射传播、地下传播（混合传播和完全地下传播）和磁层传播六种传播方式。

根据无线电信号的传播特性，无线电波段的划分见表 6-8。

表 6-8　无线电波段的划分

| 波段名称 | | 波长范围 | 频率范围 | 频段名称 | 主要传播方式和用途 |
|------|------|------|------|------|------|
| 长波（LW） | | $10^3\sim10^4$ m | 30～300 kHz | 低频（LF） | 地波、远距离通信 |
| 中波（MW） | | $10^2\sim10^3$ m | 300 kHz～3 MHz | 中频（MF） | 地波、天波、广播、通信、导航 |
| 短波（SW） | | 10～100 m | 3～30 MHz | 高频（HF） | 天波、地波、广播、通信 |
| 超短波（VSW） | | 1～10 m | 30～300 MHz | 甚高频（VHF） | 直线传播、对流层散射、通信、电视广播、调频广播、雷达 |
| 微波 | 分米波（USW） | 1～10 dm | 300～3 000 MHz | 特高频（UHF） | 直线传播、散射传播、通信、中继与卫星、雷达、电视广播 |
| | 厘米波（SSW） | 1～10 cm | 3～30 GHz | 超高频（SHF） | 直线传播、中继与卫星、雷达 |
| | 毫米波（ESW） | 1～10 mm | 30～300 GHz | 极高频（EHF） | 直线传播、微波通信、雷达 |

## 二、超外差式收音机的工作原理

收音机的任务是接收广播电台发射的无线电波,从中取出音频信号并加以放大,然后通过扬声器还原为声音。

图 6-28 所示为超外差式晶体管收音机组成框图和各级信号波形示意图。

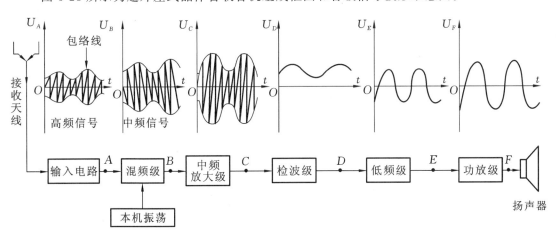

图 6-28　超外差式晶体管收音机组成框图和各级信号波形示意图

一台刚安装好的收音机,即使元器件完好,接线无差错,也不一定能正常工作,通常应进行工作点调整、中频调整以及频率跟踪调整等步骤。

变频级包含输入谐振回路和本机振荡回路。输入谐振回路调谐于被接收信号的载频 $f_C$ 上,本机振荡回路应调谐在比 $f_C$ 高出 465 kHz 的频率 $f_L$ 上,保证变频后输出为中频 (465 kHz)信号,如图 6-29 所示。

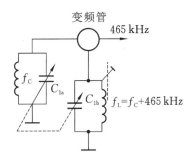

图 6-29　变频原理示意图

这两个谐振回路的波段覆盖系数 $k$ 互不相等。例如,在 535～1 605 kHz 中波段,它们分别为

$$k_C = \frac{f_{Cmax}}{f_{Cmin}} = \frac{1\ 605\ \text{kHz}}{535\ \text{kHz}} = 3$$

$$k_L = \frac{f_{Lmax}}{f_{Lmin}} = \frac{(1\ 605 + 465)\ \text{kHz}}{(535 + 465)\ \text{kHz}} \approx 2$$

为了使双联电容器在 0°～180°的转动角范围内,同时满足两个回路的波段覆盖,通常采用三点统调方法。在本机振荡回路中串联一个固定电容 $C_4$(常取 300 pF),俗称垫整电容;又并联一个可调电容 $C_2$(常取 5～30 pF 的微调电容),俗称补偿电容。因为在未接入 $C_4$ 和 $C_2$ 时,在双联电容器转角 180°范围内只有一点满足 $f_L = f_C + 465$ kHz。

如图 6-30(a)所示,在低频端本机振荡回路的振荡频率和输入谐振回路的谐振频率相差465 kHz,双联从 0°旋到 180°过程中,其余各点都不满足 $f_L = f_C + 465$ kHz,也就是说只有低频端一点跟踪。图 6-30(b)所示情况只有在中间一点(双联旋在 90°角左右)跟踪。

如果本机振荡回路中并联一个电容 $C_2$,如图 6-30(a)所示,当双联全部旋进时,$C_{1b}$ 电容量最大,而电容器 $C_2$ 容量较小,因此对谐振回路影响不大。当双联全部旋出($C_{1b}$ 容量最小,

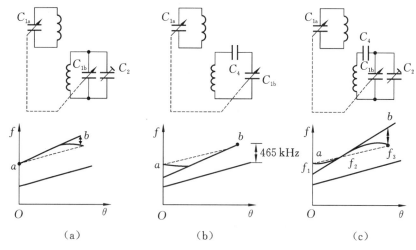

图 6-30　串、并联电容后的跟踪曲线

仅 10 pF）时，并联电容 $C_2$ 对谐振回路的作用很大，它使谐振回路的高端谐振频率明显降低，于是可以实现 $a$、$b$ 两个统调点，如图 6-30（a）所示。

在本机振荡回路中串联一个大电容器 $C_4$，如图 6-30（b）所示。当双联全部旋出（$C_{1b}$ 容量最小）时，串联电容 $C_4 \gg C_{1b}$，对回路的影响不大；当双联全部旋进（$C_{1b}$ 容量最大）时，$C_4$ 将使回路的低端谐振频率明显升高，如图 6-30（b）中 $a$ 点所示，这里也有两个统调点。

如果回路原先在中心频率（指双联旋转 $90°$ 角点上）满足统调，再串联垫整电容 $C_4$ 和并联补偿电容 $C_2$，如图 6-30（c）所示，使调谐曲线的高频端和低频端都满足统调，这就实现了三点统调。曲线表明，三点统调的跟踪曲线呈 S 形，它与输入调谐回路谐振曲线之间并不处处相差 465 kHz，但由于选台时起主要作用的是本机振荡回路，当它正确调谐在 $f_L(f_C+465$ kHz）时，即使输入谐振回路稍有失谐，由于通频带较宽，高频 $f_C$ 信号仍能通过，只要 $f_L$ 和 $f_C$ 的差频维持为 465 kHz，整机的灵敏度和选择性所受影响就不大。在中波波段上，三个跟踪点定为 600 kHz、1 000 kHz 和 1 500 kHz。

## 三、收音机原理图的认知

收音机电路原理图如图 6-31 所示，$VT_1$ 为变频管，$VT_2$、$VT_3$ 组成二级单调谐中放级，$VT_4$、$VT_5$、$VT_6$ 组成低放和功放级。为便于测试，实验板上装有测量孔，分别将开关 $S_1 \sim S_6$ 打开，可直接用万用表测量集电极电流。

超外差式收音机的电路组成框图如图 6-32 所示。天线接收到的高频无线电信号经输入电路送至变频级，与变频级的本机振荡信号进行混频，得到频率较低的中频信号（无线电信号与本机振荡信号的差频），送至中频放大器进行放大，然后经振幅检波器检出音频信号，最后把音频信号进行电压和功率放大去推动扬声器。

**1. 输入电路的作用**

从天线到收音机中第一级晶体管基极之间的电路称为输入电路。在超外差式收音机中，输入电路的主要作用是满足选择性的要求。所谓选择性，就是把所要接收的电台信号选出来，而把不需要的电台信号或干扰信号抑制掉。这种选择作用包括下述两方面内容：

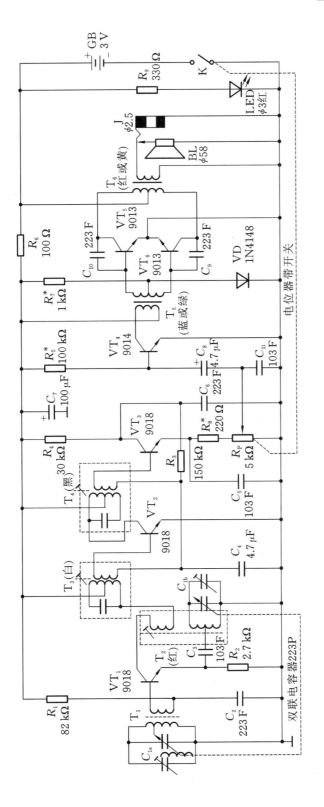

图6-31 收音机电路原理图

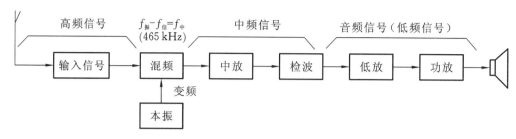

图 6-32　超外差式收音机的电路组成框图

一方面,因为许多广播电台所播发出的信号是以不同的载波频率彼此区分开的,例如,中央台 540 kHz、630 kHz,北京台 828 kHz、927 kHz、1 026 kHz、1 476 kHz 等,所以,收听时就必须分隔开相邻的电台,即只选出所需电台的信号,而抑制掉邻近电台的信号,不出现串台的现象。这种选择能力称为邻近波道的选择性。

另一方面,超外差式收音机要在变频时把高频信号变成中频信号,这个中频在我国选为 465 kHz,变换的方法是取本机振荡的频率($f_{振}$)与信号频率($f_{信}$)之差,而且一般本机振荡频率取得比信号频率高,即 $f_{振}-f_{信}=465$ kHz。这就产生了一个问题,如果另外一个电台的信号或其他干扰信号的频率 $f_{干}$ 刚好比本振频率高 465 kHz,$f_{干}-f_{振}=465$ kHz,其差值也是中频,这个信号也会经变频级变成中频信号,结果它与有用信号变成的中频信号同时送至中放级,造成 $f_{干}$ 对有用的信号 $f_{信}$ 的干扰。举例来说,欲接收信号 $f_{信}=540$ kHz,本机振荡信号 $f_{振}=1\ 005$ kHz,则 $f_{振}-f_{信}=1\ 005$ kHz$-540$ kHz$=465$ kHz(中频),倘若又有一个信号 $f_{干}=1\ 470$ kHz,则 $f_{干}-f_{振}=1\ 470$ kHz$-1\ 005$ kHz$=465$ kHz,也是中频。这样,1 470 kHz 的信号就会干扰 540 kHz 的有用信号。把它们的频率关系画到图上,得到图 6-33。可见,$f_{信}$ 和 $f_{干}$ 在表示频率的横轴上分居 $f_{振}$ 两侧,都距 $f_{振}$ 456 kHz,很像以 $f_{信}$ 为镜面的"物"与"像"的关系,所以常称 $f_{干}$ 为 $f_{信}$ 的镜像频率或假像频率,这种干扰称为镜像干扰,选择有用信号去掉镜像干扰的能力称为镜像选择性。

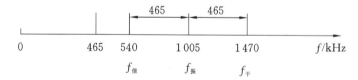

图 6-33　信号频率、本振频率、干扰频率的关系

超外差式收音机中的输入电路除满足上述选择性的要求之外,还应给出最大的信号电压,以提高灵敏度。同时,它工作的频率范围应能保证接收波段内包括的所有电台信号,即有足够宽的波段覆盖范围。例如,中波段时输入回路的覆盖范围应为 525～1 605 kHz。

**2. 选择作用的实现方法**

以上选择电台和抑制干扰的任务是由输入电路中的串联谐振回路完成的,图 6-34 所示为这种串联谐振回路的电路原理图,它由电感 $L$、可调电容 $C$ 等构成。图中的 $R$ 表示电感 $L$ 和可调电容 $C$ 的损耗电阻,在实际电路中虽然看不到它,但它是实际存在的。$e_L$ 为外界无线电波在电感 $L$ 上感应出的自感电动势。由串联谐振回路的特性可知,回路有一个固定的谐振频率 $\omega_0$,且 $\omega_0=1/\sqrt{LC}$($\omega_0=2\pi f_0$)。当信号 $e_L$ 的频率等于 $\omega_0$ 时,回路产生谐振现象,这时整个回路的总电流最小,且为纯电阻,在回路中将产生最大的回路电流。当然,在电感或电容上的电压就是该最大电流与感抗 $\omega_0 L$ 或容抗 $1/(\omega_0 C)$ 的乘积,也将最大。如果信号 $e_L$ 的频率偏离回路的谐振频率 $\omega_0$,回路将失谐,整个回路的总阻抗要变大,回路中的电流将变小,电感电容上的电压也将变小,而且 $e_L$ 的频率偏离 $\omega_0$ 越远,电感电容上的电压越小。这种电压和信号 $e_L$ 的频率的关系如图 6-35 所示,这种曲线称为回路的谐振曲线。图中横轴表示信号 $e_L$ 的频率,纵轴表示电感上的电压($u_L$)或电容上的电压($u_C$),$\omega_0$ 是回路的谐振频率。

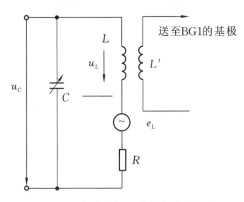

图 6-34　串联谐振回路的电路原理图

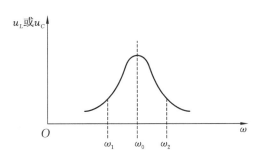

图 6-35　电压和信号 $e_L$ 的频率关系

外界感应的信号 $e_L$ 包括很多频率成分,对于刚好等于 $\omega_0$ 的频率成分,$u_L$ 和 $u_C$ 有最大值,而对于偏离 $\omega_0$ 的频率成分,则 $u_L$ 或 $u_C$ 减小,且偏离 $\omega_0$ 越远,$u_L$ 或 $u_C$ 越小。或者说 $u_L$ 或 $u_C$ 的大小反映了回路的选频能力,它能选择出刚好等于其谐振频率的信号,而抑制偏离其他频率,这就是回路的选择作用。假设 $\omega_0$ 是所需收听的电台信号频率,而 $\omega_1$、$\omega_2$、$\omega_3$ 等其他电台或干扰信号的频率(包括镜像频率、中频干扰信号频率等),那么,只要使回路刚好谐振于 $\omega_0$ 处,就达到了选择所需要电台信号而抑制无用信号或干扰信号的目的。实际上输入回路就是靠改变可调电容的数值,使电路谐振于波段内任何一个要选择的电台的频率而选台的。通常,选出的电台信号利用电感 $L$ 耦合,从线圈 $L'$ 取出送入第一级晶体管基极。

谐振回路选择性的好坏、输出信号的大小(灵敏度),都与谐振曲线的形状有关。因为 $R$ 越小,回路的电流越大,而感抗 $\omega_0 L$ 或 $1/(\omega_0 C)$ 越大,则 $u_L$ 或 $u_C$ 越大,即回路的输出信号越大。回路的选择能力即品质的高低可用系数 $Q$ 表示,即

$$Q = \omega_0 L / R = 1/(\omega_0 CR)$$

不同 $Q$ 值的回路谐振曲线如图 6-36 所示。由此可知,$Q$ 值越大,曲线越陡,谐振时 $u_L$ 或 $u_C$ 越大,而失谐处 $u_L$ 或 $u_C$ 衰减也越快,即回路的选择性和灵敏度越高,所以实践中应设法提高回路的 $Q$ 值。

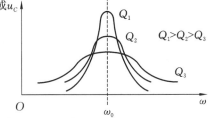

图 6-36　不同 $Q$ 值的回路谐振曲线

## 四、磁性天线

在半导体收音机中,为提高输入电路的选择性和灵敏性,可采用磁性天线。

所谓磁性天线,就是将上述输入回路的电感线圈绕制在铁氧体材料的磁棒上。这种磁

棒具有较强的导磁能力,它能聚集空间无线电波中的磁力线,在线圈中感应出较大的信号电压,使灵敏度提高。另外,由于电台播发的无线电波中磁场的方向是水平的,所以当磁性天线水平放置且其轴线的垂直方向指向电台时(见图 6-37),会聚集最多的磁力线,得到最大的信号电压,而磁棒轴线指向电台时(见图 6-38),感应信号大大减小,即这种天线有很强的方向。在使用时正确选择收音机(磁性天线)的方向,使所接收电台的信号最大,其他电台或干扰信号最小,这就提高了收音机的选择性和抗干扰性。

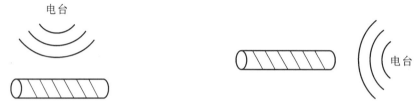

图 6-37 聚集最多的磁力线　　　　　　　图 6-38 聚集较少的磁力线

磁棒越长,聚集空间磁力线的可能性越大,磁棒的截面积越大,磁阻越小,在线圈中感生信号也越大,所以只要机壳空间允许,选长些的磁棒是有利的。至于截面为圆形或是扁形,只要截面积相当,效果就一样,可视安装方便而定。

## 五、收音机的组装

(1)元器件清点。

(2)元器件检测。

(3)收音机的组装。

在万用表的实训中已详细介绍了元器件的检测方法,此处让学生了解超外差式收音机的组装过程。

收音机线路板如图 6-39 所示。

所需元器件分别如图 6-40～图 6-46 所示。

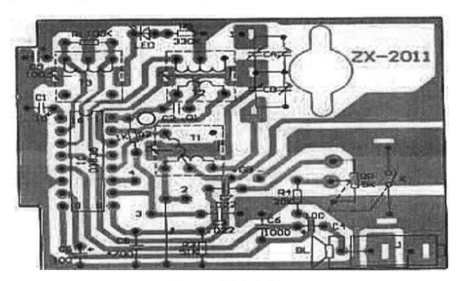

图 6-39 收音机线路板

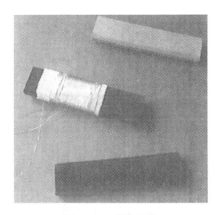

图 6-40　磁性天线

图 6-41　音量电位器、双联、中周、输入输出变压器

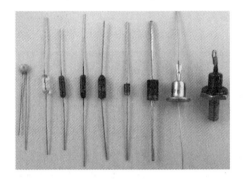

图 6-42　晶体管

图 6-43　电位器、电阻器

图 6-44　电容器

图 6-45　壳体、引线、天线等配件

图 6-46　扬声器

安装所需工具如图 6-47 和图 6-48 所示。

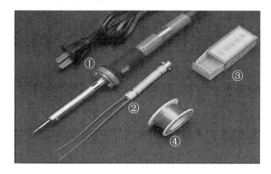

图 6-47　电烙铁、焊锡丝、松香

①—电烙铁;②—备用烙铁芯;③—松香;④—焊锡丝 30 g

图 6-48　万用表、吸锡器、银子、螺钉旋具

电路板上焊接的元器件如图 6-49 所示,电路板上焊点的形状如图 6-50 所示。

图 6-49　电路板上焊接的元器件

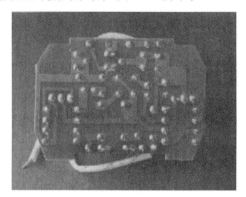

图 6-50　焊点的形状

# 六、收音机的调试

(1)认真查对收音机实验电路板上各元器件,熟悉各测试点的位置。

(2)调整静态工作点。

先将本机振荡回路短路($S_1$ 接通),在无信号情况下,按表 6-9 要求调整各级集电极电流。

表 6-9　各级集电极电流

| 晶体管 | $VT_1$ | $VT_2$ | $VT_3$ | $VT_4$ | $VT_5$、$VT_6$ |
|---|---|---|---|---|---|
| 集电极电流/mA | 0.3~0.6 | 0.4~0.6 | 0.8~1.2 | 2.0 | 4.5 |

变频级包括本机振荡和混频两方面的作用,振荡要求工作电流大些,而混频则要求管子工作在输入特性非线性区域,工作电流宜小。为了兼顾二者,一般取 $I_{C1}$ 为 0.3~0.6 mA。中放有两级,前级加有自动增益控制,要求晶体管工作在增益变化剧烈的非线性区域,$I_{C2}$ 一般取 0.4~0.6 mA,后级以提高功率增益为主,$I_{C3}$ 取 0.8~1.2 mA。

**1. 调整中放**

调整中放俗称调中周,目的是将 $T_{r1}$、$T_{r2}$、$T_{r3}$ 谐振回路都准确地调谐在规定的中频 465

kHz 上,尽可能提高中放增益。调试方法如下:

先将双联动片全部旋入,并将本机振荡回路中电感线圈 $L_4$ 初级短接(即 $S_1$ 接通),使它停振。再将音量控制电位器 W 旋在最大位置。然后调节高频信号发生器,输出一个 465 kHz 标准的中频调幅波信号(调制频率为 400 Hz,调制度为 30%)。

(1)将高频信号发生器输出接至 C 点,调节载波旋钮使输出电压为 2 mV,调节 $T_{r3}$ 中周磁芯使收音机输出最大。然后调节高频信号发生器输出电压为 200 μV,并将它从 B 点输入,调节中周 $T_{r2}$ 的磁芯直至收音机输出最大。最后,调节高频信号发生器输出电压为 30 μV,并换至 A 点输入,调节中周 $T_{r1}$ 的磁芯直至收音机输出最大。

(2)记录上述三步相应的输出幅值和输出波形。

(3)用示波器观察并绘出图 6-51 所示 A、B、C 各点的波形。

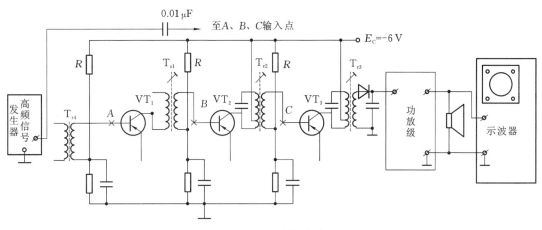

图 6-51　调中周电路

### 2. 调整频率覆盖

调整频率覆盖即校对刻度,仪器连接如图 6-52 所示。调节过程中,扬声器用负载 $R_L$ 代替,输出电压用示波器观察。

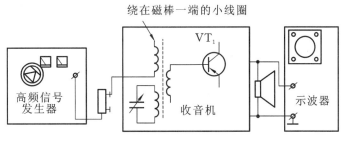

图 6-52　调整频率覆盖连接电路

1)调低端

断开 $S_1$,将双联电容器全部旋进,音量控制电位器 W 仍保持最大。调节高频信号发生器,使其输出频率为 525 kHz(调制频率为 400 Hz,调制度为 30%)、幅值为 0.2 V 的调幅波信号。调节振荡线圈磁芯,使收音机输出最大。若收音机低端低于 525 kHz,振荡线圈磁芯向外旋(减少电感量);若低端高于 525 kHz,振荡线圈磁芯向里旋(增加电感量)。

2）调高端

将高频信号发生器调到 1 610 kHz,幅值和调制度同上。把双联电容器全部旋出,调节振荡回路补偿电容 $C_2$,使收音机输出最大。若收音机高端频率高于 1 610 kHz,应增大 $C_2$ 容量;反之,则应减小 $C_2$ 容量。实际上,高端与低端的调整过程中互有牵连,因此必须由低端到高端反复调整几次,才能调整好频率覆盖。

**3. 调整输入回路——补偿**

1）调低端

仪器接线不变,调节信号发生器,使输出信号频率在 600 kHz 附近,调制度为 30%,把双联电容器旋至低频端,直至收音机清楚地收听到 400 Hz 调制信号。接着移动磁棒上天线线圈的位置,使收音机输出最大,至此低端已初步调好。

2）调高端

调节高频信号发生器输出载频为 1500 kHz 附近的信号,把双联电容器旋至高频端,直至收音机清楚地收听到 400 Hz 调制信号,然后调节输入回路微调电容 $C_0$,使收音机输出最大。

与调整频率覆盖一样,调节高端与低端的补偿会互相牵连,必须由低端到高端反复调几次。

做以上调整时,高频信号发生器输出的信号幅值要适当(不能太强),以便于在调节过程中判别收音机输出音量的峰点为准。

# ◆ 任务四 数字电子钟的设计与制作 ▶

## 一、任务目标

(1) 掌握面包板的应用。
(2) 学会逻辑电路的设计。
(3) 增加对 74LS247、74LS160 和 74LS393 芯片引脚结构和功能的理解及运用。

## 二、设备与器件

6 片 74LS160 芯片,6 片 74LS247 芯片,2 片 74LS393 芯片,面包板 1 块,石英晶体振荡器,半导体数码管,导线若干,实验箱 1 台。

## 三、内容与步骤

### 1. 电路原理

数字电子钟电路(见图 6-53)由以下几个部分构成:1 个由石英晶体振荡器等电路组成的秒脉冲信号发生器,2 个六十进制分、秒计数器,1 个二十四进制计数器,以及 6 块译码器。这些都是数字电路中应用最广泛的基本电路。由于设计中采用石英晶体振荡器,所以振荡器振荡频率的精度与稳定度基本上就决定了数字电子钟的准确度。石英晶体振荡器产生的时钟信号送到分频器,分频电路将时钟信号分成每秒一次的方波信号,秒信号送入计数器进行计数,并把累计的结果以时、分、秒的数字形式显示出来。所有结果都由 6 位七段半导体数码管以十进制数形式显示出来,而分频器的设计基本上解决了电路中所要求的秒脉冲。

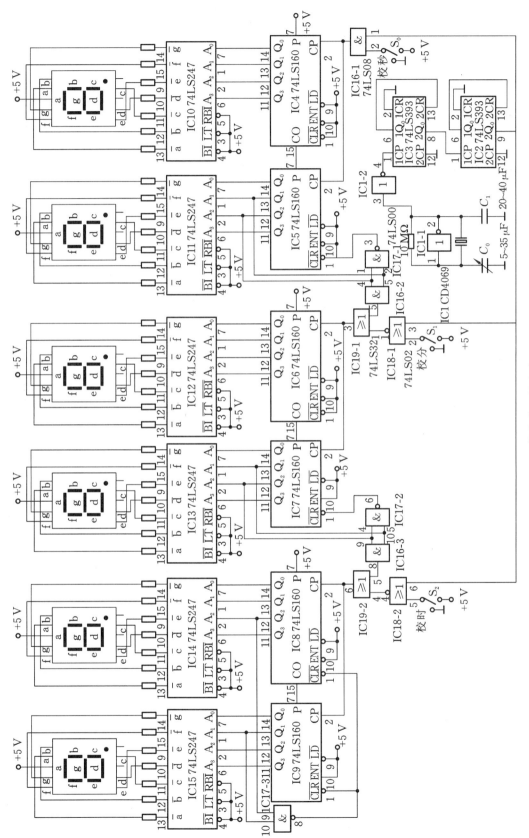

图6-53 数字电子钟电路图

**2. 步骤**

（1）熟悉电路，了解电路的工作原理，并进行元器件归类。

（2）检查元器件和面包板的好坏。

（3）在面包板上合理布局器件，用导线连接好电路。

（4）检查和调试电路，直到正常工作。

# ◀ 任务五　小型家用空调温度控制器装配与调试 ▶

## 一、任务目标

（1）掌握小型家用空调温度控制器的原理。

（2）会查阅元器件资料，识读电路图辨别元器件，检查并测试元器件。

（3）掌握小型家用空调温度控制器的制作及调试方法。

（4）了解双门限比较器的特点及应用。

（5）能对制作过程中遇到的问题进行分析、判断并解决。

## 二、设备与器件

（1）万用表 1 个。

（2）示波器 1 台。

（3）直流稳压电源 1 台。

（4）印制电路板 1 个。

（5）温度计 1 个。

（6）电烙铁。

（7）相关元器件见表 6-10。

表 6-10　小型家用空调温度控制器电路的元器件清单

| 标号 | 元器件名称 | 规格型号 | 数量 |
|---|---|---|---|
| $R_1$ | 电阻 | RTX-0.125-3kΩ-Ⅱ | 1 |
| $R_2$、$R_4$ | 电阻 | RTX-0.125-15kΩ-Ⅱ | 2 |
| $R_3$、$R_5$ | 电阻 | RTX-0.125-10kΩ-Ⅱ | 2 |
| $R_6$、$R_8$ | 电阻 | RTX-0.125-1kΩ-Ⅱ | 2 |
| $R_7$ | 电阻 | RTX-0.125-4.7kΩ-Ⅱ | 1 |
| $R_{P1}$、$R_{P2}$ | 微调电位器 | 4.7 kΩ | 2 |
| $R_t$ | 负温度系数热敏电阻 | 1 kΩ | 1 |
| $IC_1$ | 集成电路 | LM324 | 1 |

| 标号 | 元器件名称 | 规格型号 | 数量 |
|------|-----------|---------|------|
| IC$_2$ | 集成电路 | CD4011 | 1 |
| VD$_1$ | 二极管 | 1N4148 | 1 |
| VD$_2$、VD$_3$ | 发光二极管 | 2EF441(R、G) | 2 |
| VT | 晶体管 | 2N2222 | 1 |
| KR | 电磁继电器 | JZC-12F/012-12 | 1 |
| 元器件数量合计 | | | 18 |

## 三、内容与步骤

### 1. 识图

空调温度控制器电路如图 6-54 所示。该电路由集成运算放大器构成双门限比较器,以控制室内的最高温度及空调的开启温度。当空调接通电源时,由 $R_2$、$R_3$ 及 $R_{P1}$ 微调电位器对直流电源分压后给 IC$_{1-1}$ 的同相输入端一固定基准电压,由温度调节电路 $R_{P2}$、$R_5$ 和 $R_4$ 对电源电压分压的微调电位器 $R_{P2}$ 调整后输出一个设定温度电压给 IC$_{1-2}$ 的反相输入端,这样就由 IC$_{1-1}$ 组成开机检测电路,由 IC$_{1-2}$ 组成关机检测电路。当室内的温度高于设定温度时,由于负温度系数热敏电阻 $R_t$ 和 $R_3$ 的分压大于 IC$_{1-1}$ 的同相输入端电压和 IC$_{1-2}$ 的反相输入端电压,IC$_{1-1}$ 如输出低电平,IC$_{1-2}$ 输出高电平,由 IC$_2$ 组成的 $RS$ 触发器的输出端输出高电平,使晶体管导通,VD$_2$ 发光,继电器吸合,继电器常开触点闭合,接通压缩机电动机电路,压缩机开始制冷。

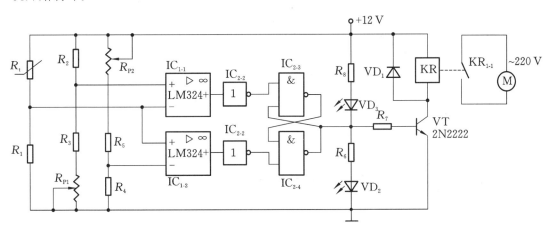

图 6-54  空调温度控制器电路

压缩机工作一段时间后,室内温度下降,达到设定温度时,温度传感器的阻值增大,使 IC$_{1-1}$ 的反相输入端和 IC$_{1-2}$ 的同相输入端电位下降,IC$_{1-1}$ 的输出端为高电平,而 IC$_{1-2}$ 的输出端为低电平,$RS$ 触发器的工作状态翻转,输出低电平,从而使晶体管截止,VD$_3$ 发光,继电器停止工作,继电器常开触点被释放,压缩机停止运转。

若空调停止制冷一段时间后,室内温度缓慢升高,此时开机检测电路 $IC_{1-1}$、关机检测电路 $IC_{1-2}$、$RS$ 触发器又翻转一次,使压缩机重新开始工作。这样周而复始地达到控制室内温度的目的。

**2. 安装与调试**

(1)检测元器件。

(2)装配电路。印制电路板的装配应遵循"先低后高、先内后外"的原则,将电路所用元器件正确装入印制电路板的相应位置上,采用单面焊接方法,元件面相应元器件高度应平整、一致。

(3)检测调试。

① 根据所选热敏电阻的温度特性计算开机、关机温度对应的电压值。

② 根据室内设定的最高温度,选用温水槽设定上限开机温度(用温度计标定),将传感器浸入水中,设定开机时 $IC_{1-1}$ 的同相输入端电压。

③ 根据空调关机设定的最低温度,选用冷温水槽设定下限开机温度(用温度计标定),将传感器浸入水中,设定关机时 $IC_{1-2}$ 的反相输入端电压。

④ 调整微调电位器 $R_{P1}$、$R_{P2}$,按以上步骤②、步骤③仔细调好开机、关机基准电压。

⑤ 调整结束后,用指甲微调电位器的螺丝。

**3. 故障分析与排除**

(1)当接通电源时,压缩机不工作,首先检查元器件的焊接情况,确认有没有元器件虚焊、漏焊情况;如果有,重新焊接,使接触良好。

(2)根据室内设定的最高温度,检测开机时 $IC_{1-1}$ 的同相输入端电压;再根据空调关机设定的最低温度,检测 $IC_{1-2}$ 的反相输入端电压,如果都是高电平或都是低电平,调整微调电位器 $R_{P1}$、$R_{P2}$,调好开关机基准电压。

(3)若以上都没有问题,压缩机还不能启动,则检查继电器,看温度降低或升高时能否听到继电器吸合声,如果不能,再进行以下测量。

① 测量触点电阻:用万用表的电阻挡测量常闭触点与动点电阻,其阻值应为零,而常开触点与动点的电阻值为无穷大,否则更换继电器。

② 测量线圈电阻:用万用表 $R \times 10$ Ω 挡测量继电器线圈的阻值,判断该线圈是否存在开路现象。

(4)如果上述三项都没有问题,检查压缩机,若损坏,则更换压缩机。

# ◆ 任务六　气体烟雾报警器的组装与调试 ▶

# 一、任务目标

(1)了解气体烟雾报警器的结构和应用。

(2)了解气敏元件的工作性质,熟悉气敏元件的使用方法。

(3)学会安装、调试气体烟雾报警电路。

## 二、设备与器件

气体烟雾报警器所用的元器件清单见表 6-11。

表 6-11 气体烟雾报警器所用的元器件清单

| 序号 | 名称 | 规格型号 | 代号 | 数量 | 备注 |
|------|------|----------|------|------|------|
| 1 | 电源变压器 | 220 V/9 V，>5 W | T | 1 | 电源变压器 |
| 2 | 二极管 | IN4001 | | 4 | 整流二极管 |
| 3 | 电解电容 | 220 μF/16 V | $C_1$ | 1 | |
| 4 | 电解电容 | 0.33 μF /10 V | $C_2$ | 1 | |
| 5 | 电解电容 | 0.01 μF/10 V | $C_3$ | 1 | |
| 6 | 电解电容 | 3 900 pF | $C_4$ | 1 | |
| 7 | 电解电容 | 0.01 μF /10 V | $C_5$ | 1 | |
| 8 | 电解电容 | 20 μF /10 V | $C_6$ | 1 | |
| 9 | 发光二极管 | $d=3$ mm | LED | 1 | |
| 10 | 电阻 | 2 kΩ | $R_1$ | 1 | 1/8 W 碳膜电阻 |
| 11 | 电阻 | 130 kΩ | $R_2$ | 1 | 1/8 W 碳膜电阻 |
| 12 | 电阻 | 36 kΩ | $R_3$ | 1 | 1/8 W 碳膜电阻 |
| 13 | 电位器 | 2.2 kΩ | $R_P$ | 1 | |
| 14 | 气敏元件(传感器) | QM-N5 或 MQ211 | QM | 1 | 适用于天然气、煤气、液化气、汽油、一氧化碳、氢气、烷类、醇类、醚类挥发气体，以及火灾形成之前的烟雾报警 |
| 15 | 三端集成稳压器 | | 7805 | 1 | |
| 16 | 555 时基电路 | | IC555 | 1 | |
| 17 | 喇叭 | | | 1 | |

(1) 实训主要材料:敷铜板、三氯化铁、无水酒精、松香、焊锡等。

(2) 实训工具:电烙铁、斜口钳或剪刀、尖嘴钳、镊子、烙铁架、万用表等。

## 三、内容与步骤

### 1. 实训电路及工作原理

气体烟雾报警器电路如图 6-55 所示。该电路主要由直流电源、气体传感器及报警电路三部分构成。采用半导体气敏元件 QM 作为传感器,实现电-气转换;555 时基电路组成触发电路和报警音响电路。由于气敏元件 QM 工作时要求加热电压相对稳定,所以利用 7805 三端集成稳压器对气体元件加热灯丝进行稳压,使报警器能稳定地工作在 180～260 V 的电压范围内。本电路具有省电、可靠性高及灵敏度高的特点。

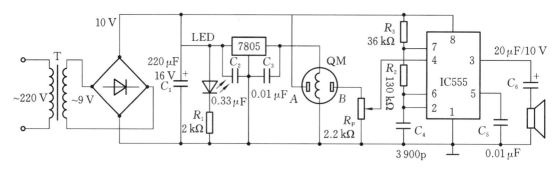

图 6-55　气体烟雾报警器电路

它的工作过程如下:当气敏传感器 QM 接触到可燃气体时,其阻值降低,使 555 时基电路复位端 4 端的电位上升,当 4 端的电位达到集成电路 1/3 工作电压时,555 时基电路的 3 脚输出信号,喇叭就发出报警信号。

**2. 实训步骤**

(1) 读图。读懂图 6-55 所示电路,了解各元器件的作用。

(2) 绘制印制电路图。根据实训原理图 6-55 设计印制电路图,并用敷铜板制作印制电路板。

(3) 填写元器件明细表清单。

(4) 领料并核对。库房领料,并依据元器件明细表核对物料,确保物料正确无误,遇到生疏元器件及时向相关负责人询问。

(5) 原材料检测。

(6) 外观检验。要求元器件外观完整无损、标志清晰,引线没有锈蚀和断脚现象。

(7) 参数检查。用万用表对元器件进行测量,防止不良元器件焊装上印制电路板。

(8) 插装、焊接。元器件整形、插装并焊接。

(9) 性能检测调试。接通电源,预热 3 min 左右,调节 $R_P$,使报警器进入报警临界状态,把上述气体接近气敏元件,此时应发出报警声。

(10) 填写任务日志。记录组装调试过程中出现的问题及解决方案。

 **思考与练习**

**简答题**

1. 万用表有哪些挡位? 各挡位功能是什么?

2. 万用表的组装应该注意哪些问题?

3. 抢答器设计依据哪些原理?

4. 收音机元器件的焊接顺序是什么?

# 项目七
## Protel 入门与电路设计

Protel 是电子设计者的首选软件,它较早就在国内开始使用,在国内的普及率也较高。早期的 Protel 主要作为印制电路板自动布线工具使用,而现今的 Protel 包含了电路原理图绘制、模拟电路与数字电路混合信号仿真、多层印制电路板设计(包含印制电路板自动布线)、可编程逻辑器件设计、图表生成、支持宏操作等功能,并具有 client/server(客户/服务器)体系结构,同时还兼容一些其他设计软件的文件格式,如 OrCAD、PSpice、Excel 等,其多层印制电路板的自动布线可实现高密度印制电路板的 100% 布通率。电工电子专业的学生应该学会 Protel 的基本使用。

◀ **任务一　电路原理图设计** ▶

## 一、电路原理图设计的一般步骤

电路原理图设计的一般步骤如图 7-1 所示。

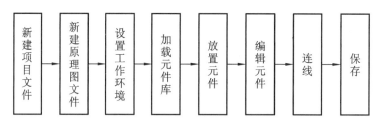

**图 7-1　电路原理图设计的一般步骤**

**1. 新建项目文件**

在绘制原理图之前需要新建一个项目文件。

**2. 新建原理图文件**

在新建项目文件下,还需要新建一个原理图文件,以便进行原理图设计。

**3. 设置工作环境**

原理图编辑区域是进行电路原理图编辑的工作区,一般在工作之前,要根据原理图的复杂程度对图纸类型、大小、字体、标题栏等进行设置。

**4. 加载元件库**

在放置元件前,要先装载原理图元件所在的库。Protel DXP 采用了全新的集成库概念,设计人员在进行原理图绘制时,可以看到 PCB 元件封装,为设计带来了方便。

**5. 放置元件**

放置待设计的电路原理图中所需的元件。

**6. 编辑元件**

(1) 修改元件属性,主要包括标识符(如"C?")、注释(如 Cap Poll),方向、标称值(如 100 pF)、封装等。

(2) 改变元件的方向,并适当调整元件位置。

**7. 连线**

用导线正确连接元件之间的引脚,并为电路图添加电源和地线。

**8. 保存**

将已经完成的原理图文件保存。

## 二、新建项目文件及原理图文件

**1. 新建并保存项目文件**

执行"文件"→"创建"→"项目"→"PCB 项目"命令,在绘制原理图之前新建一个项目文件"简单电路.PRJPCB"并保存,如图 7-2 所示。

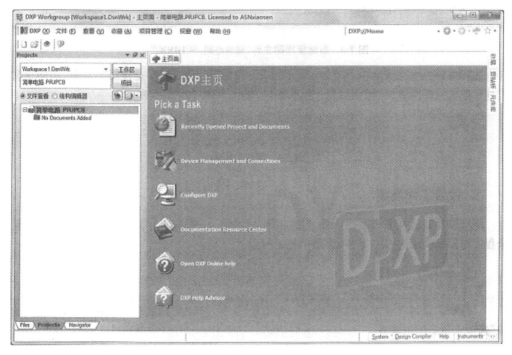

图 7-2　新建项目文件"简单电路.PRJPCB"

### 2. 新建并保存原理图文件

执行"文件"→"创建"→"原理图"命令,在新建的项目文件"简单电路.PRJPCB"下新建原理图文件,并另存为"简单电路.SCHDOC",如图 7-3 所示。

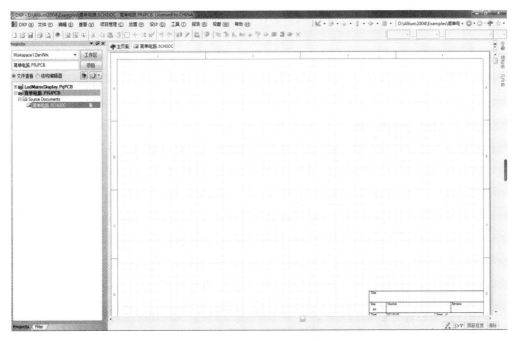

图 7-3　新建原理图文件"简单电路.SCHDOC"

图 7-4　配线工具条

这时编辑界面比新建项目时的工具栏多了一些使用工具,主要是配线工具条,功能是放置具有电气特性的导线、网络标签、总线、输入/输出口等,如图 7-4 所示。

# 三、设置工作环境

原理图编辑区域是进行电路原理图编辑的工作区,一般在工作之前,要根据原理图的复杂程度对图纸类型、大小、字体、标题栏等进行设置。

## 1. 设置图纸

在绘图之前要对原理图的图纸进行设置。

(1)执行"设计"→"文档选项"命令,弹出图 7-5 所示的"文档选项"对话框,选择"图纸选项"选项卡进行图纸设置。

(2)按照实际需要设置图纸规格。如图 7-5 所示,图纸规格设置包括标准风格和自定义风格两种方式。

①"标准风格"选项区用来设置标准图纸尺寸,单击下拉列表可选择图纸大小,提供的标准图纸包括公制标准图纸 A0、A1、A2、A3、A4,英制标准图纸 A、B、C、D、E 及 OrCAD 等。

图 7-5　"文档选项"对话框

②"自定义风格"选项区可以让用户自定义图纸尺寸。勾选"使用自定义风格"复选框可以自定义图纸尺寸。

此处将图纸规格设置为 A4 图纸。

(3)在图 7-5 所示的"文档选项"对话框中设置图纸方向。在对话框中单击"方向"下拉列表框,弹出图 7-6 所示的图纸方向选择列表,列表包括两个选项,即 Landscape(水平)和 Portrait(垂直),此处选择 Landscape 选项。

（4）将图纸边框颜色设置为黑色,图纸颜色设置为白色。如图 7-5 所示,图纸颜色设置包括边缘色和图纸颜色两项。单击"边缘色"右侧的颜色选择框,在弹出的"选择颜色"对话框中选择所需颜色,如图 7-7 所示。

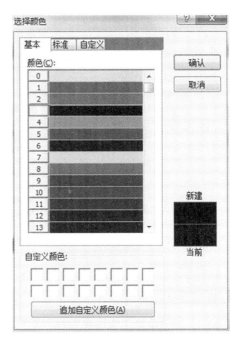

图 7-6 "方向"下拉列表框      图 7-7 "选择颜色"对话框

图纸颜色的设置方法与图纸边缘色的设置方法相同。

**2. 设置图纸网格**

如图 7-8 所示,"网格"选项区包括两个选项:"捕获"和"可视"。

"捕获"用来设置跳跃栅格,即放置或拖动元件时每次移动的距离单位。10 表示 10 mil(1 mil＝0.025 4 mm),即每次移动的距离为 10 mil 的整数倍。

"可视"用来设置可视栅格的尺寸(图纸显示栅格的间距),文本框中的数字可以直接输入。

**3. 设置电气网格**

如图 7-8 所示,可以在"网格范围"文本框中设置捕捉范围大小,4 表示以元器件的节点为圆心,以 mil 为单位,以光标中心为圆心,向四周搜索电气节点,并自动跳动到电气节点处,以方便连线。

图 7-8 "网格"选项区、"电气网格"
选项区和"改变系统字体"
按钮

文本框内的数值可以直接输入。

**4．更改系统字体**

单击图 7-8 所示的"改变系统字体"按钮,会弹出"字体"对话框,可以改变系统字体参数,如图 7-9 所示。

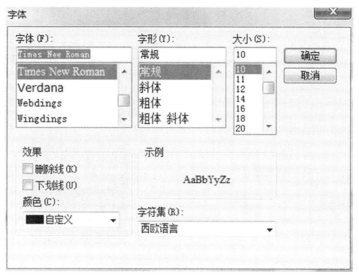

图 7-9  "字体"对话框

**5．设置图纸标题栏**

在图 7-5 所示的"文档选项"对话框中的"图纸明细表"下拉列表框中有两种标题栏,即

图 7-10  设置图纸标题栏

Standard(标准型)、ANSI(美国国家标准),如图 7-10 所示。选中"图纸明细表"复选框,将在图纸中显示该项目,否则图纸中不会显示该项目。

**6．设置参考区**

在"文档选项"对话框中选中"显示参考区"复选框,表示显示图纸的参考区,否则图纸中将不显示参考区。

**7．设置边界**

在"文档选项"对话框中选中"显示边界"复选框,表示显示图纸的边界,否则图纸中将不显示边界。

**8．设置模板图形**

在"文档选项"对话框中选中"显示模板图形"复选框,表示图纸显示模板,否则图纸将不显示模板。

# 四、加载元件库

绘制原理图需要用到各种元件,而这些元件被分门别类地放置在各种元件库中,因此在放置元件之前,要先分析原理图中所用到的元件属于哪个元件库,再装载原理图元件所在的库。Protel DXP 采用了全新的集成库概念,设计人员在绘制原理图时,会看到 PCB 元件封装,使设计环节更为便捷。

Protel DXP 元件库有三类,包括原理图元件库 SchLib、PCB 引脚封装库 PCBLib 和集成元件库 IntLib。其中,集成元件库既包括原理图元件库,又包括 PCB 引脚封装库,并且库中原理图元件相应的引脚封装包含在 PCB 引脚封装库中。

加载元件库的步骤如下:

(1)执行"设计"→"浏览元件库"命令,打开"元件库"面板,如图 7-11 所示。

(2)单击"元件库"按钮,弹出图 7-12 所示的对话框,选择"项目"选项卡后单击"加元件库"按钮,或选择"安装"选项卡后单击"安装"按钮,就可以打开图 7-13 所示的"打开"对话框。

(3)默认进入的是"Altium2004\Library"子目录,前者是原理图元件库文件,后者是集成元件库。

(4)若要删除元件库,只需选中后单击图 7-12 中的"删除"按钮即可。

## 五、放置元件并编辑

### 1. 放置元件

本任务中需要绘制的简单电路原理图包含电阻、电容和晶体管等元件,需要将它们从元件库中调取出来。

(1)利用图 7-11 所示的"元件库"面板,在元件库下拉菜单中选择"Miscellaneous Devices.IntLib",在当前库元件列表中选择要放置的元件,如 Res2。

(2)双击元件名称或单击面板上的 Place Res2 按钮,将元件移动到合适的位置后,单击即可放置该元件。此时如果不单击,反复按空格键,则可以旋转元件到合适的方向。然后再移动鼠标在图纸上的合适位置放下该元件。如果已经放置好的元件需要改变方向,则应选中该元件按下空格键实现旋转,再次放置元件后,右击退出当前操作。

(3)此时光标还处于放置元件的状态,可继续放置相同的元件。

(4)右击或按 Esc 键,即可退出放置元件的状态。

(5)重复上述四个步骤,放置其他元件,元件全部放置完成后,得到图 7-14。

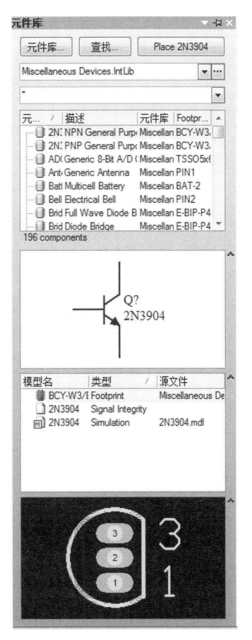

图 7-11 "元件库"面板

图 7-12 "可用元件库"对话框

图 7-13  "打开"对话框

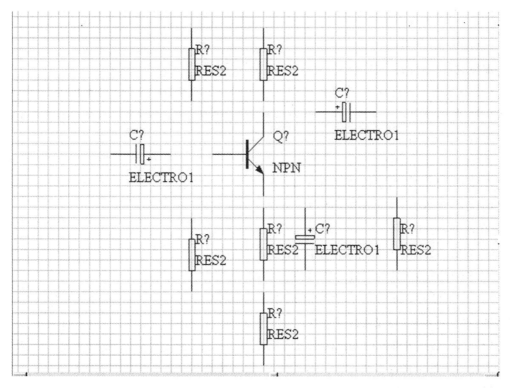

图 7-14  元件放置完成

为提高元件的搜索速度,可以在"元件库"面板中使用关键字过滤功能。在"元件库"面板的过滤器中输入元件的名称,即可找到当前库中含有此字符的元件。常用元件的中英文名称见表 7-1。

表 7-1　常用元件的中英文名称

| 元件 | 英文名称 | 元件 | 英文名称 |
| --- | --- | --- | --- |
| 电阻 | res * | 运算放大器 | op * |
| 电阻排 | res pack * | 继电器 | relay * |
| 电容 | cap *,capacitor * | 数码显示管 | dpy * |
| 二极管 | diode *,d * | 电桥 | bri *, bridge * |
| 晶体管系列 | npn *,pnp *,mos *, MOSFET *, MESFET *,IGBT * | 光电器件 | opto * |
| 电感 | inductor * | 扬声器 | speaker * |
| 麦克风 | mic * | 天线 | antenna * |
| 保险丝 | fuse * | 开关系列 | sw * |
| 变压器系列 | trans * | 跳线 | jumper * |
| 晶振 | xtal * | 电源 | battery * |

**2. 编辑元件属性**

编辑元件属性的方法有以下三种:

(1) 在放置元件过程中,当光标出现元件图形符号虚影时,如果此时不单击,元件会随着光标移动,按下 Tab 键,即可弹出图 7-15 所示的"元件属性"对话框。在该对话框中,常用的设置有以下几项:

① 标识符:用于图纸中唯一代表该元件的代号,在同一工程中每个元件都必须有唯一的元件编号。标识符由字母和数字两部分组成,字母部分通常表示元件的类别,数字部分为元件的序号,如 R1 代表电阻类序号为 1 的电阻,C2 代表电容类序号为 2 的电容。

② 注释:元件型号。

③ 数值:元件参数,如电阻的阻值、电容的容量等。

④ Footprint:元件的引脚封装,关系到 PCB 的制作。

(2) 右击已放置好的元件,在弹出的快捷菜单中选择"属性"命令,即可打开"元件属性"对话框,再按照步骤(1)设置元件属性。

(3) 双击已经放置好的元件标识或注释部分,弹出图 7-16 所示的"参数属性"对话框,根据需要在对话框中修改参数,以实现对注释属性的修改。

修改元件属性后的原理图如图 7-17 所示。

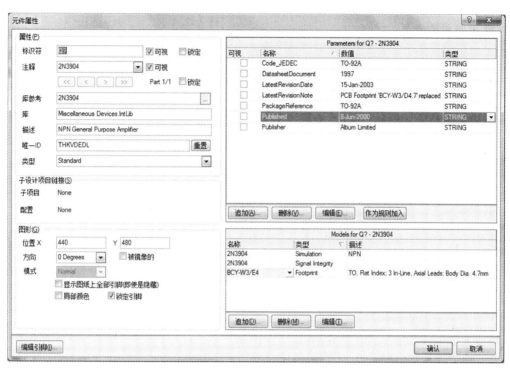

图 7-15 "元件属性"对话框

图 7-16 "参数属性"对话框

# 六、连接原理图元件

## 1. 放置导线

元件放置完毕并编辑好元件属性后就可以将元件用导线连接起来了。导线连接的操作方法如下：

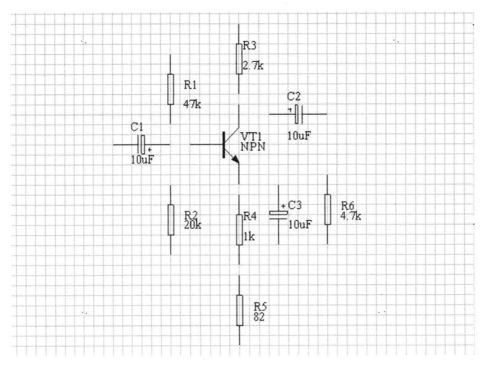

图 7-17　修改元件属性后的原理图

（1）单击电路绘图工具栏中的画导线按钮或执行"放置"→"导线"命令，启动画导线命令。

（2）启动画导线命令后，光标变成"十"字状。把光标移到图 7-17 原理图编辑区中的晶体管 VT1 的左端引脚端点上，此时光标处出现红色的米字状，如图 7-18 所示，单击确定导线的起点。此时要注意，导线的起点一定要设置在元件引脚的顶端，否则导线与元件没有电气连接关系。

（3）拖动导线，接着在元件 C1 的右端引脚端点上单击，确定导线的终点，完成一条导线的绘制后，光标还是"十"字状，系统仍处于绘制导线命令状态，重复上述过程即可绘制下一条导线。绘制完一段导线后，右击或按 Esc 键，此时导线的颜色将变深，"十"字光标消失，就退出了画导线命令。需要注意的是，如果导线需要转折，在转折处也需要单击。

（4）如果有必要，在拖动导线线头的过程中按 Shift＋空格键可以改变导线形式。

（5）若要删除某段导线，可以单击该段导线后按 Delete 键。

（6）当发现某段导线的长度不合适时，可以单击该段导线，然后将光标移到导线两端出现的小方块上，拖动到合适位置，释放鼠标，使导线被拉伸或压缩。要移动导线的位置，可以将光标移到导线上并拖动，就可将导线移到目标位置。

**2. 修改导线属性**

如果要修改导线的属性，可以在绘制完导线后双击该导线，在弹出的图 7-19 所示的"导线"对话框中修改导线的线宽和颜色。

**3. 放置电气节点**

在连线过程中，在 T 形交点处会自动出现深色的圆点（见图 7-20），即电气节点，而在十

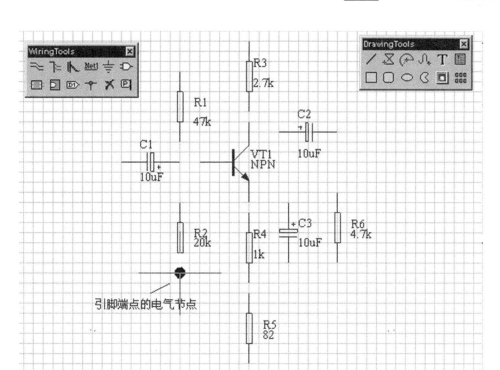

图 7-18 确定导线起点

字交叉点上不会出现。对于没有节点的两条交叉导线,系统认为这两条导线在电气上是不相通的,若要将两条交叉导线在电气上连接在一起,则需要用户自己来放置节点。

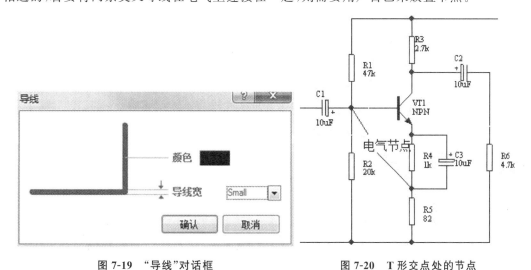

图 7-19 "导线"对话框

图 7-20 T 形交点处的节点

1) 放置节点

执行"放置"→"手工放置节点"命令,启动放置电气节点命令,移动光标到要放置节点的导线交叉处,单击即可放置节点。此时,系统仍处于放置电气节点命令状态,重复上述过程可以继续放置节点,右击或按 Esc 键可退出命令状态。

2）修改节点属性

如果要修改节点的属性,可以双击该节点,在弹出的图 7-21 所示的"节点"对话框中设置节点的位置、大小和颜色。

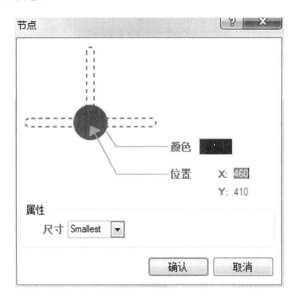

图 7-21 "节点"对话框

### 4. 放置电源和地线

放置电源和地线的操作过程如下:执行"放置"→"电源端口"命令,放置电源和地线,但一次只能放置一个符号。

除此之外,还可以通过配线工具栏和实用工具栏放置电源与地线。如果配线工具栏没有打开,可以执行"查看"→"工具栏"→"配线"命令;如果实用工具栏没有打开,可以执行"查看工具栏"→"实用工具"命令。

根据要绘制的原理图的要求,确定电源和地线的属性后单击按钮,光标回到十字状,移动光标到目标位置,单击即可将电源或接地符号固定下来。所有电源和地线符号放置完成后,右击或按 Esc 键,即可退出该命令状态。

电源的图形符号形式可以改变,双击放置完成后的电源符号,会弹出图 7-22 所示的"电源端口"对话框。

"电源端口"对话框中各选项含义如下:

（1）网络:网络名称,默认状态下为 VCC 或 GND。

（2）风格:电源/地线符号形状,通过右边的下三角按钮（单击后显示）选择。

（3）位置:对象插入点的坐标,该项一般都不用输入,而是通过在原理图上单击来自动确定。

（4）方向:对象放置的方向,有 4 个方向可以选择,也可以不在此栏设置对象方向,而是在执行命令后通过按空格键来旋转对象,每按一次旋转 90°。

（5）颜色:电源或接地符号的颜色。

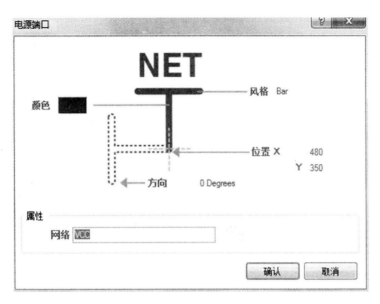

图 7-22　"电源端口"对话框

**5. 放置端口**

在设计原理图文件时,一个电路与其他电路可以通过实际导线相连,也可以通过具有相同名称的输入/输出点(I/O 端口)连接。

若想放置端口,可以执行"放置"→"端口"命令,或单击配线工具栏中的 按钮。此时会出现一个可以随光标移动的浮动条状端口,在放置端口前按 Tab 键,会弹出图 7-23 所示的"端口属性"对话框。

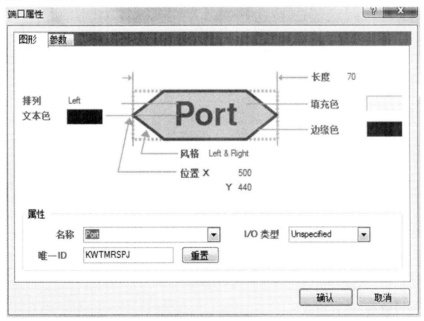

图 7-23　"端口属性"对话框

"端口属性"对话框中各选项含义如下：

（1）名称：I/O 端口名称，电路中相同名称的 I/O 端口在电气上是相连的。

（2）风格：I/O 端口形状，此处选择 Left & Right。

（3）I/O 类型：I/O 端口的电气特性，有 Unspecified（I/O 端口电气特性没有定义）、Output（输出口）、Input（输入口）和 Bidirectional（双向端口）四种，此处选择 Input。

（4）排列：I/O 端口名称字符串在 I/O 端口中的位置，有 Left（靠左）、Right（靠右）、Center（中间）三个位置，此处选择 Left。

（5）长度：I/O 端口的长度。

（6）位置：I/O 端口的水平坐标和垂直坐标，也可以在放置时通过移动光标来设置。

（7）边缘色：I/O 端口边框线的颜色。

（8）填充色：I/O 端口的填充色。

（9）文本色：I/O 端口名称字符串的颜色。

修改好端口属性后单击"确认"按钮，移动光标到需要放置端口的位置后单击，水平移动光标，端口的长度会随着光标位置的移动而发生变化。当移动到合适长度的位置时，再次单击即放置完成，右击退出端口放置命令。

# 七、保存

连接原理图元件并放置完电源、地线和端口后，就得到了所要求绘制的电路原理图。执行"文件"→"保存"命令，即可将文件保存。

# 任务二　网络表文件生成

原理图绘制完成之后的一个重要任务是将原理图转化成各种报表，便于用户了解整个原理图设计项目的各种信息。

## 一、网络表

### 1. 网络表的作用

网络表是印制电路板自动布线的灵魂，也是原理图设计系统与印制电路板设计系统的接口。

网络表可以直接经电路原理图转化得到，也可以在印制电路板设计系统中已布线的电路中获取。它的作用主要有两个：一是可以支持印制电路板设计的自动布线及电路模拟程序；二是可以与印制电路板中得到的网络表进行比较，核对查错。

### 2. 生成网络表

如图 7-24 所示，执行"设计"→"设计项目的网络表"→"Protel"命令，即可启动生成网络表命令。

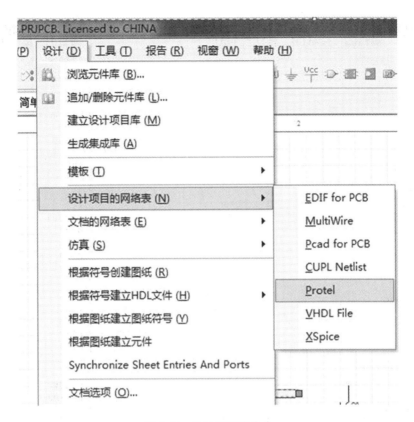

图 7-24　生成网络表命令

系统会自动在当前工程文件下添加一个与工程文件同名的网络表文件(＊.NET),如图
7-25 所示。

图 7-25　在 Projects 面板上生成网络表

双击网络表名称,即可打开查看网络表内容,整个网络表分为两部分:第一部分是元件
信息,记录了原理图中的元件型号、序号和封装形式(见图 7-26);第二部分是网络定义,记录

了元件之间的连接关系(见图 7-27)。

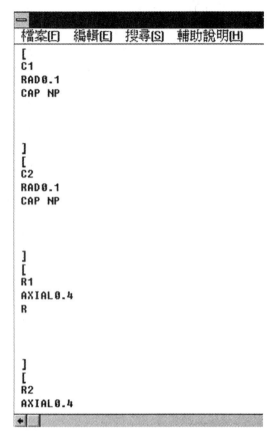

图 7-26 网络表中的元件信息

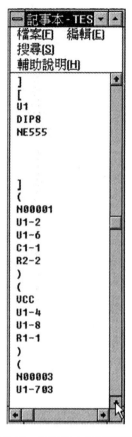

图 7-27 网络表中的网络定义

### 3. 网络表的具体内容

1) 网络表中的元件信息

下面以图 7-28 所示的元件为例,说明网络表中的元件信息。

| [ | 元件信息说明开始。 |
|---|---|
| C9 | 元件序号。 |
| RAD0.3 | 元件封装形式,当原理图中没有给出元件封装时,该行为空。 |
| Cap | 元件的型号或大小,当原理图中没有给出元件的型号或大小时,该行为空。 |
| … | |
| … | |
| … | 系统自动保留三行空白。 |
| ] | 元件信息说明结束。 |
| … | 其他元件的申明信息。 |

元件信息的说明以"["开始,以"]"结束,说明每个元件的序号、封装形式、型号或大小等基本信息。

2）网络表中的网络定义

下面以图 7-29 所示的网络为例说明网络表中的网络定义。

| | |
|---|---|
| （ | 网络定义开始。 |
| NetC9_l | 网络名称。 |
| C9-1 | 与该网络相连的元件引脚,此处表示元件 C9 的第 1 引脚与该网络相连。 |
| R1-2 | 电阻 R1 的第 2 引脚与该网络相连。 |
| U9-8 | 元件 U9 的第 8 引脚与该网络相连。 |
| ） | 网络定义结束。 |
| … | 其他网络的定义。 |

网络的定义以“（”开始,以“）”结束,首先定义了网络的名称,接下来给出了与该网络相连的各个元件的引脚。

```
[
C9
RADO.3
Cap


]
```

图 7-28　元件信息说明

```
（
NetC9_1
C9-1
R1-2
U9-8

）
```

图 7-29　网络定义说明

## 二、元件清单报表

元件清单报表主要用于整理一个电路或一个项目文件中的所有元件,主要包括元件的类型、序号、封装等内容。下面介绍获取元件清单报表的过程:

（1）打开原理图文件,执行“报告”→Bill of Materials 命令,弹出 Bill of Materials For Project 对话框。

（2）在 Bill of Materials For Project 对话框中单击“报告”按钮,弹出报单预览对话框。

（3）单击“输出”按钮,就可以以 EXL 的形式保存。

（4）在报单预览对话框中单击“打印”按钮,弹出打印设置对话框。

## 三、电气规则检查报告

在原理图绘制完成后,一般都要进行电气规则检查(ERC),以便找出人为因素造成的错误。Protel DXP 提供的检查方法不仅能生成检查报告,还会在电路中存在问题的地方做上标记,非常直观。

图 7-30 选择"项目管理选项"命令

**1. 设置设计规则检查**

打开电路,执行"项目管理"→"项目管理选项"命令(见图 7-30),弹出图 7-31 所示的对话框,选择 Error Reporting 选项卡,可以设置原理图电气检查规则。

Protel DXP 中提供了以下六类电气规则检查项:

（1）Violations Associated with Buses:总线违规检查。

（2）Violations Associated with Components:元件违规检查。

（3）Violations Associated with Documents:文件违规检查。

（4）Violations Associated with Nets:网络违规检查。

（5）Violations Associated with Others:其他违规检查。

（6）Violations Associated with Parameters:参

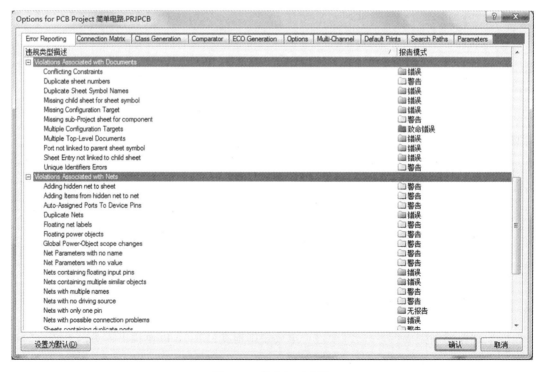

图 7-31 检查规则设置

数违规检查。

在违规错误报告中，有以下四种错误类型：

(1) No Report：不产生报告，表示连接正确。

(2) Warning：警告，设计者根据需要决定是否修改。

(3) Error：错误，表示存在与设计规则相违背的错误，必须修改。

(4) Fatal Error：致命错误，表示绝对不允许出现的错误，出现该错误可能导致严重的后果。

本学习情境中的设置全部采用默认设置，如果需要更改设置，在更改后单击“确认”按钮即可。

**2. 电气规则检查步骤**

(1) 执行“项目管理”→“Compile PCB Project 简单电路.PRJPCB”命令，如图 7-32 所示。

项目管理 (C)
放置 (P)
设计 (D)
工具 (T)
报告 (
Compile Document 简单电路.SCHDOC
Compile PCB Project 简单电路.PRJPCB
设计工作区

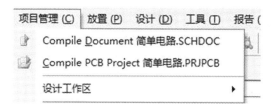

图 7-32 电气规则检查

(2) 编译后，系统自动检错结果将显示在 Messages 面板中。若系统有错，则自动弹出 Messages 面板，如图 7-33 所示。

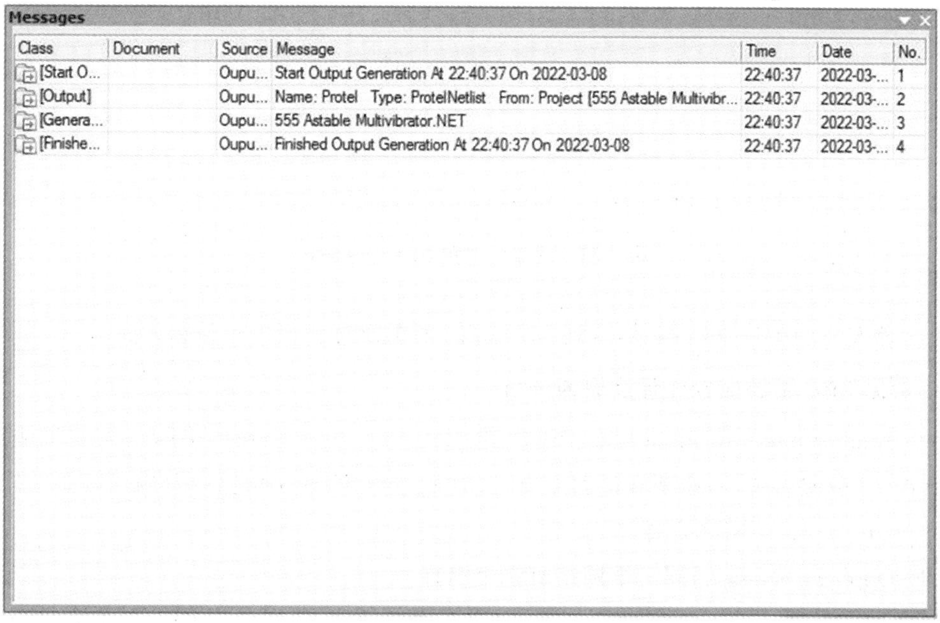

Messages
Class | Document | Source | Message | Time | Date | No.
[Start O... | Oupu... | Start Output Generation At 22:40:37 On 2022-03-08 | 22:40:37 | 2022-03-... | 1
[Output] | Oupu... | Name: Protel Type: ProtelNetlist From: Project [555 Astable Multivibr... | 22:40:37 | 2022-03-... | 2
[Genera... | Oupu... | 555 Astable Multivibrator.NET | 22:40:37 | 2022-03-... | 3
[Finishe... | Oupu... | Finished Output Generation At 22:40:37 On 2022-03-08 | 22:40:37 | 2022-03-... | 4

图 7-33 Messages 面板

图 7-34　手动打开 Messages 面板

在电气规则检查报告文件中，一般会显示两类错误，即 Warning(警告性错误)和 Error（致命性错误）。对于警告性错误，系统也不能确定它们是否真正有误，因此提醒设计者注意；对于致命性错误，设计者必须认真分析，根据出错原因对原理图进行修改。

（3）若没有错误，则不会自动弹出 Messages 面板，用户可执行右下角状态栏中的 System→Messages 命令打开 Messages 面板，如图 7-34 所示。

弹出的无错误时的 Messages 面板如图 7-35 所示。

（4）如果系统有错，在图 7-33 所示的 Messages 面板中双击错误栏，系统会自动跳转到原理图的错误位置并突出显示，如图 7-36 所示。

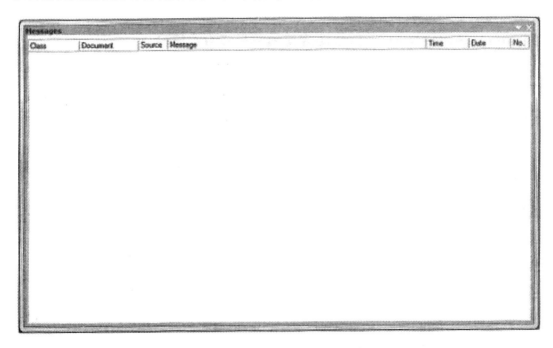

图 7-35　无错误时的 Messages 面板

（5）修改原理图后重新编译，直到 Messages 面板没有任何提示信息为止。

**3．常见 ERC 错误报告注释及原因分析**

（1）Adding items to hidden net VCC：是指在 VCC 上有隐藏的引脚。需要说明的是，如果有 VCC 隐藏引脚，一定要在电路中有 VCC 网络标签，如果电路中普遍用的是＋5 V，就需要将 VCC 与＋5 V 网络合并。

（2）Duplicate Nets…：同一个网络有多个名称。

（3）Duplicate Component Designators…：有重复元件，可能有几个元件的编号相同。

（4）Duplicate sheet numbers…：表示原理图图纸编号有重复，在层次电路设计中要求每

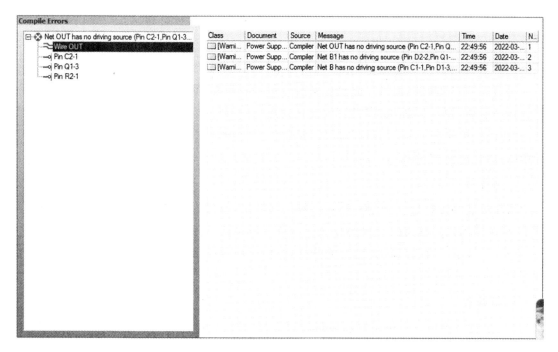

图 7-36 修正错误

张图纸编号唯一。

(5) Floating power objects…：电源或接地符号没有连接好。

(6) Floating input pins…：输入引脚浮空，或者输入引脚没有信号输入。Protel 中输入引脚的信号必须来自输出或者双向引脚，才不会报告这类错误。如果输入引脚的信号来自分立元件，通常会报告错误，这时只要检查原理图以保证线路连接正确即可，可不用理会。

(7) Floating net labels…：网络标号没有连到相应的管脚或导线。

(8) Illegal bus definitions…：表示总线定义非法，可能是总线画法不正确或者缺少总线分支。

(9) Multiple net names on net…：网络名重复，如果一个网络节点上出现多个网络名称，则系统会出现错误信息。

(10) Un-Designated Part…：元件名字里有"?"，表示该元件没有编号。

(11) Unconnected line…to…：可能是总线上没有标号，或者导线没有连接。

(12) Unused sub-part in component…：表示该元件含有多个子件，而其中有些子件没有被使用。

## ◀ 任务三　PCB 设计 ▶

## 一、印制电路板的结构

印制电路板简称印制板，通过印制电路板上的印制导线、焊盘及过孔、覆铜区等导电图形实现元件引脚之间的电气连接。通常,印制电路板的结构有单面板、双面板和多层板三种。

**1. 单面板**

单面板是一面覆铜,而另一面没有覆铜的印制电路板,覆铜的一面用来布线和连线,另一面用来放置元件。单面板结构简单,没有过孔,成本低,被广泛应用。但由于单面板只能在一面布线,设计往往比双面板和多层板困难得多。一般线路相对简单、工作频率较低的电子产品,如收录机、电视机、计算机显示器等采用单面板。

**2. 双面板**

双面板是两面都覆铜的电路板,包含顶层和底层,两层都可以布线,但一般元件放置在顶层,即顶层为元件面,底层为焊锡层面。双面板的电路一般比单面板的电路复杂,含有过孔,成本高,但由于两层都可以走线,布线相对容易,应用范围很广,如 VCD 机、单片机控制板等均采用双面板。

**3. 多层板**

多层板是具有多个工作层的电路板,除了顶层、底层,还包括中间层、内部电源或接地层等,层与层之间的电气连接通过元件引脚焊盘和金属化过孔来实现。多层板可布线层数多,走线方便,一般用于复杂电路的设计,如计算机设备的主机板、存储条、显示卡等均采用 4 层或 6 层的电路板。

# 二、印制电路板中的各种对象

印制电路板中有铜膜导线、焊盘、过孔、字符、元件轮廓、助焊剂和阻焊剂等对象,如图7-37所示。

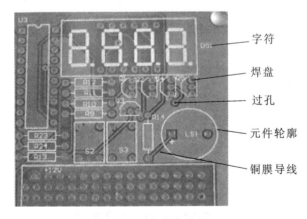

图 7-37　印制电路板

**1. 铜膜导线**

铜膜导线用来连接各个元件引脚焊盘,简称导线,具有电气特性,是印制电路板重要的组成部分,印制电路板设计时布置导线是一个关键的环节。设计印制电路板时还会出现另外一种线,常称为飞线,即预拉线。相比导线,它只是形式上表示各元件之间的连接关系,并不具有电气特性。

**2. 焊盘**

焊盘用来放置焊锡、连接导线和元件引脚,具有电气特性。Protel DXP 在元件封装库中提供的焊盘,按形状分为圆形焊盘、方形焊盘、八角形焊盘等;按元件封装的类型又分为针脚式焊盘和表面粘贴式焊盘两种,其中针脚式焊盘必须钻孔,而表面粘贴式焊盘无须钻孔。在选择元件的焊盘类型时,要综合考虑元件的形状、引脚粗细、放置形式、受热情况、受力方向和振动大小等因素。例如,电流、发热和受力较大的焊盘可设计成泪滴状。常见焊盘的形状与尺寸如图 7-38 所示。

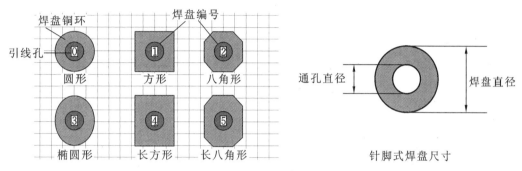

图 7-38 常见焊盘的形状与尺寸

**3. 过孔**

过孔用来连接不同板层的铜膜导线,具有电气特性。过孔有三种,即从顶层到底层的穿透式过孔,从顶层到中间层或从中间层到底层的盲过孔,以及中间层内的隐藏过孔。过孔的内径(hole size)与外径(diameter)尺寸一般小于焊盘的内外径尺寸。图 7-39 所示为过孔外形。

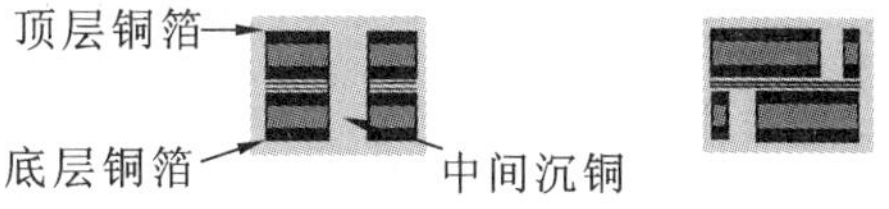

**4. 字符**

字符用来表明元件的序号、类型或其他需要说明的内容,不具有电气特性。

**5. 元件轮廓**

元件轮廓用来表明元件实际占空间的大小及元件在电路板中的位置,不具有电气特性。

顶层铜箔
底层铜箔
中间沉铜
(a) 穿透式过孔 (b) 盲过孔

图 7-39 过孔的外形

**6. 助焊剂和阻焊剂**

助焊剂涂于焊盘上,用于提高可焊性;阻焊剂刚好相反,涂于焊盘以外的各部位,用于防止非焊盘处的位置粘上锡。这两种焊剂都不具有电气特性。

## 三、印制电路板的工作层

印制电路板是由层状结构构成的,不同的印制电路板有不同的工作层面。前面提到的单面板也并不是工作层面只有一个。同样,双面板也不是只有两个工作层面。Protel DXP

提供了多个工作层供用户选择。

**1. 信号层**

Protel DXP 提供的信号层(Signal Layers)主要用来放置元件和布置导线,包括 Top Layer(顶层)、Bottom Layer(底层)和 Mid Layer(中间层)。顶层一般用于放置元件和布线,底层一般用于布线和焊接,中间层位于顶层和底层之间。在实际的印制电路板中,中间层是看不见的。

**2. 内部电源/接地层**

Protel DXP 提供的内部电源/接地层(Internal Plane Layers)用来放置电源和地线,主要用于多层板。

**3. 机械层**

Protel DXP 提供的机械层(Mechanical Layers)用来放置有关制板和装配方法的信息,如电路板的外形尺寸、尺寸标记、数据资料、过孔信息和装配说明等。

**4. 阻焊层**

Protel DXP 中有 Top Solder Mask Layers(顶层阻焊层)和 Bottom Solder Mask Layers (底层阻焊层)两个阻焊层,在设计过程中匹配焊盘,表示阻焊剂的涂覆位置。

**5. 锡膏防护层**

Protel DXP 中有顶层锡膏防护层(Top Paste Layers)和底层锡膏防护层(Bottom Paste Layers)两个锡膏防护层。只有在采用表面粘贴式元件的印制电路板上才需要该防护层,对应的是表面粘贴式元件的焊盘。

**6. 禁止布线层**

禁止布线层(Keep-Out Layer)用来定义放置元件和布线的有效区,在该层绘制一个封闭区域作为布线的有效区,在该区域以外是不能自动布局布线的。

**7. 丝印层**

Protel DXP 提供了 Top Overlayer(顶层丝印层)和 Bottom Overlayer(底层丝印层)两个丝印层,丝印层用于放置元件的轮廓、序号及其他注释信息。一般都放置在顶层丝印层,底层丝印层可以关闭。

**8. 多层**

多层(Multi-Layer)代表信号层,任何放置在该层上的元件都会自动添加到所有信号层上,因此一般都将焊盘和穿透式过孔放置在该层上。如果关闭该层,则焊盘和过孔就无法显示出来。

**9. 钻孔层**

Protel DXP 提供了 Drill Guide(钻孔指示图)和 Drill Drawing(钻孔图)两个钻孔层。钻孔层主要提供印制电路板制造过程中的钻孔信息(如焊盘、过孔就需要钻孔)。

# 参考文献 CANKAOWENXIAN

[1] 文春帆,邓金强.电工电子技术与技能[M].北京:高等教育出版社,2010.

[2] 张国红.电子技术基础与技能实训[M].北京:高等教育出版社,2010.

[3] 陆国和.电路与电工技术[M].3版.北京:高等教育出版社,2010.

[4] 周元兴.电工与电子技术基础[M].2版.北京:机械工业出版社,2011.

[5] 庄绍君,宫德福,等.维修电工[M].2版.北京:化学工业出版社,2007.

[6] 叶莎.电子产品生产工艺与管理项目教程[M].北京:电子工业出版社,2011.